古代の
酒に酔う

甕酒造りの
共創プロジェクト

庄田慎矢 編

吉川弘文館

は し が き

　きっかけは、ふとしたことだった。

　2020 年秋、とある休日の午後。何気なくパラパラとめくっていた情報誌に書かれていた数行に、私の閾下知覚が反応した。

> 「酒造りの源流、本質を知りたい」と、「甕」で菩提酛の酒を仕込む。

とあった。奈良県御所市の油長酒造。同社による銘酒「風の森」といえば、十数年前に私が奈良に越してきてすぐ、一目惚れならぬ一口惚れして以来、長く愛飲し続けている酒ではないか。これはきっと、何かのご縁に違いない。

　その頃私は、遺跡から出土する土器に残されている有機物を抽出し、その土器がどのような内容物の調理・加工に用いられていたのかを明らかにする「残存脂質分析」の研究方法を実践し、東アジアや中央アジア各地の先史時代の調理行動の研究において成果を上げつつあった。一方で、趣味が高じて学問上の関心事ともなっていた酒については、研究は迷宮入りしていた。国際的にも著名な学術誌上で華々しく喧伝されている「最古のビール」「最古のワイン」の「発見」が、分析方法やその解釈において明らかな問題を孕んだものであるにもかかわらず、誤った知見が独り歩

きしている状況にストレスを感じていたのだ。

　研究方法を一から見直さなくてはならない。そのためには、実際にさまざまな条件下で醸造を行い、どのような醸造工程がどのような残存有機物を産出しうるのかをまず調査しないことには、一歩も前に進めない。そう思っていた矢先のことであった。

　もしかしたら自分のやろうとしていることに関心を持ってもらえるかもしれない。さっそく油長酒造あてに手紙を書いた。これまでやってきたこと、これからやってみたいこと。何か共同で作業することができればと、ダメ元で書いた手紙であった。しかし、封書を送った翌日すぐに、研究室の電話が鳴った。

　「油長酒造の山本と申しますが……」

　その後の展開は速かった。相互に訪問しあう中で新たな知見を共有し、多くの人物を巻き込みながら、研究会などの各種イベントを開催した。2021 年 8 月には奈良文化財研究所（奈文研）と油長酒造株式会社の間で「文化財保護と普及啓発に関する協定書」を締結し、公式のパートナーとして各種行事を進めていくことになった。

　準備は整った。いざ、酒を醸すべし。

　奈文研が発掘した長屋王邸宅跡（奈良県奈良市）からは、本書の三舟論考で紹介されているように、酒米や麴、仕込み水の比率が記された、いわば酒のレシピ木簡が出土している。文献史学者の三舟隆之さんは、この配合で酒を醸すことを長年夢見てきた人物であるが、過去に、とある酒造業者から企画をつっぱねられて以来、希望を失いかけていた。一緒にやりましょう、と声をかけ

たのは自然の流れであった。しかし、レシピだけを奈良時代のものとした事例は、実は過去にも存在した。私たちのオリジナルを作るためには、酒を仕込む容器が大事だ。そもそも、須恵器を使って酒を醸造し、それを研究の題材とすることこそが、私がやりたいことであった。

　備前焼、そして須恵器の作家である末廣学さんが、興味をもってくれた。末廣さんが窯を営んでいる寒風は、古代にも須恵器を焼いていた由緒正しき場所であり、奈良の都に焼き物を供給していた地でもある。これ以上のセッティングはない。しかも、末廣さんはじめ寒風窯のみなさんには、それ以前にも奈文研の事業で復元須恵器を作っていただいていたという経緯もあり、事業の目的や計画を相談するのはとてもスムーズであった。そして何よりも、実は末廣さんも「風の森」ファンであったことが強力な推進力となった。

　そう、お酒は人を集める。

　油長酒造の山本さんや山ノ内さん、上述の三舟さんや末廣さんだけでなく、本書にコラムを書いてくれた村上夏希さんら奈文研の同僚たちを巻き込み、かくして、「木簡レシピ」と「復元須恵器」を二本柱とする長屋王の酒醸造プロジェクト（写真）が開始された。2021年12月のことである。その後、土器でお酒を醸すということがどういうことなのか、類例を知るために国内外でワインのクヴェヴリ醸造を見学してまわった。本書にコラムを寄せてくださった柿沼江美さん、近藤良介さんとのご縁はこうして生まれた。また、以前からご縁のあった微生物学者の田邊公一さ

木簡レシピと復元須恵器による長屋王の酒醸造プロジェクト

　独立行政法人国立文化財機構奈良文化財研究所（奈文研）と油長酒造株式会社（油長酒造）は、2021年8月に文化財の保護と普及啓発に関する協定書を締結した。これは、奈文研が有する、平城宮跡出土遺物やその研究成果など古代の酒造に関連した様々な歴史的コンテンツを生かしつつ、油長酒造が現代の醸造家の視点や技術を応用して酒造りをおこなう等の共同事業を軸に、酒造をキーワードとして文化財に関する知識や関心の普及啓発を促進しようとするものである。この協定書の締結を記念し、2021年11月11日には、平城宮跡資料館において、様々な専門分野からなる領域横断型の研究集会「日本酒と日本料理の過去・現在・未来を考える」を開催した。現在、奈文研と油長酒造のパートナーシップのもとで、出土木簡に記された醸造レシピに基づいた復元須恵器による古代酒の醸造実験や、龍谷大学や東京医療保健大学との遺伝学的・文献史学的な共同研究をもり込みつつ進めている他、平城宮跡出土土器の見学会、寒風須恵器窯（岡山県瀬戸内市）の見学会、ジョージアにおける素焼き壺クヴェヴリによるワイン醸造に関するセミナー開催など、研究活動を積極的に推進している。

▲ 長屋王家木簡出土の木簡に記された米・糵・水の割付（奈文研撮影）

▲ 実醸造実験に用いられた復元須恵器（末廣学製作、奈文研撮影）

プロジェクトに関するお問い合わせ先
奈良文化財研究所国際遺跡研究室　庄田慎矢　shoda-s7f@nich.go.jp

写真　長屋王の酒醸造プロジェクトの広報チラシ

▲ 蒸米の様子（油長酒造提供）

▶ 仕込みの様子（泊長酒造提供）
仕込みのお酒「水端」が仕込まれる享保蔵にて

▲ 泊出器内面の印刻？（秦文研究氏提供）
醸造後の発見が楽しみです♪

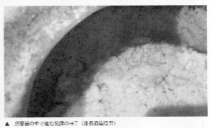

▲ 須恵器の中で進む発酵の様子（泊長酒造提供）

◀ 木實学氏による須恵器の製作
平城宮出土土器の教育に基づき、
たたき技法を駆使してリズミカルに仕上げていきます

▶ 登窯での未穢須土器の焼成の様子
のぼる炎がとても幻想的です
（末廣学校氏）

はしがき　vii

ん、文化人類学者の砂野唯さん、栄養・調理学者の西念幸江さんにも、各自のユニークな視点から議論の輪に加わっていただいた。

　本書は、このような経緯で進められてきた復元醸造プロジェクトの内容をもとに、2023年2月6日に油長酒造株式会社（奈良県御所市）で開催した、シンポジウム「長屋王の酒を醸す〜甕酒醸造の学際的プロジェクト」での各人の発表内容をベースに、その後の知見などを適宜加えて編集したものである。同プロジェクトは現在も新たなアイディアを取り込みながら継続中であり、むしろこれからが本番と言えなくもないのではあるが、ひとまず本書のような形で世に出すこととした。
　さあ、1300年の時を超え、古代の香りと味を探求する旅に、出かけましょう。

目　次

はしがき

Ⅰ　酒の考古学と甕酒造り ……………………庄田慎矢　*1*

　はじめに　*1*

　1　人類と酒の出会い　*3*

　2　考古学で酒をどう研究するのか　*6*

　3　甕にかける期待　*19*

column　クヴェヴリとジョージアのワイン造り

　　　………………………………………………柿沼江美　*30*

Ⅱ　甕酒造りに用いる土器の製作

　　　…………………………………庄田慎矢・末廣　学　*36*

　はじめに　*36*

　1　甕の成形　*40*

　2　甕の焼成　*45*

　3　完成した甕について　*47*

column　日本でのクヴェヴリワインの醸造………近藤良介　*52*

Ⅲ 古代の甕酒造りのレシピ ·················三舟隆之 58

はじめに─日本の酒造の歴史に関する研究─　58

1　日本酒の始まり　59

2　文献史料から古代酒を再現する　65

3　古代酒再現への挑戦　77

column　百年の時を超えてなおも続く甕仕込みの焼酎

·································庄田愼矢　81

Ⅳ 甕酒造りの実践 ··········山本長兵衛・山ノ内紀斗 88

1　奈良酒、僧坊酒と甕仕込み　88

2　酒造りの記録　99

3　須恵器による酒醸造の特色　106

column　味覚センサーによる酒の味認識 ········西念幸江　112

Ⅴ 甕酒造りと微生物のはたらき ········田邊公一 121

はじめに　121

1　清酒醸造に関わる微生物と清酒製造技術の発展　121

2　醪容器の変遷　124

3　釉薬が酒造りにおよぼす効果《再現実験》　125

おわりに　131

column　鹿児島の福山黒酢 ·················村上夏希　133

Ⅵ　現代アジア・アフリカの甕酒造り

………………………………………………砂野　唯　*139*

1　世界各地の酒と土器利用　*139*

2　ネパールで醸造用土器が使われる環境　*142*
　　―土器の利点と減少した要因―

3　台湾における発酵スターター・餅麴と
　　土器利用の減少の関係性　*151*

4　エチオピアでみられた醸造用土器を使う社会　*154*

5　ネパールの神事と関係する蒸留酒と醸造用土器　*159*

6　ま　と　め―自家醸造の道具としての土器利用の現状―　*161*

column　**酒甕の手入れの実際**
　　―クヴェヴリの内面に塗られる蜜蠟について―
　　………………………………………………庄田慎矢　*166*

あ と が き　*173*

執筆者紹介　*177*

目　次　*xi*

Ⅰ 酒の考古学と甕酒造り

庄田慎矢

はじめに

　本書は、甕造りの酒、特に素焼きの焼き物で醸したアルコール飲料について、考古学、文献史学、調理学、醸造学、微生物学、文化人類学の研究者、あるいは醸造実践者の立場から、その特徴を多角的に検討するものである。本章ではその前提として、そもそも酒造りに関して、筆者の専門とする考古学を中心に、これまでどのような学術的探索が行われ、またどのような取り組みが今後期待されるのかを簡単に考察したうえで、なぜ甕酒に注目するのかを明らかにしつつ、本書の位置づけを考えてみたい。

　これはまったく個人的な見解であるが、考古学者には、私を含め酒呑みが多い。それは、時に数週間にもおよぶ僻地でのフィールドワークに出かけると、夜には酒を飲む以外に特にやることもなく、めいめいに杯を傾け夜な夜な語り合いながら、えも言われ

ぬ連帯意識が醸成されるわけである。特に、キャンプをしながら
の発掘調査では、日が暮れれば作業もままならないという格好の
言い訳付きである。そして満天の星の美しさや焚き火の暖かさ、
薪の弾ける音で演出される格別のセッティングは、飲酒と語らい
の場をいっそう特別なものにしてくれる。これだけ呑兵衛の多い
考古学業界であるから、酒の研究をしようという研究者が次から
次へと出現して談論風発、百花繚乱となってもおかしくないはず
であるが、実際は酒そのものを正面から扱った研究事例は驚くほ
ど少ないのである。

　この低調さの理由は無論、酒に対する関心の低さからではな
く、実際に遺跡から出土しないものを研究対象とする難しさによ
る。酒とはエタノールが含まれた飲料の総称であるが、揮発性の
高いエタノールがそのまま遺跡に残されていることはまず期待で
きない。後に述べるように、さまざまな状況証拠や図像・文字の
情報に頼ることなしには、遺跡に残された酒そのものを研究対象
とすることは難しい。ましてや、どのような酒をどのように醸し
ていたのかを知ることなどは、雲をつかむような話にもなりかね
ないのである。

　しかし一方で、これまで積み上げられてきた考古学的な研究成
果や、近年の新しい潮流である考古生化学の研究を参照すると、
今後酒造りの過去に関しての知識が新たに得られる期待感が高ま
っているのも事実である。旧稿においては、各所で「酒の考古科
学的証拠」とされる研究事例の信頼度にはまだまだ課題が残って
いることを紹介したが（庄田 2023）、このような酒の歴史の探索

の試み自体は手法を替えながら継続していく必要がある。本章では、人類がいつから酒を飲み始めたのかをどのように知ることができるのかという問題から始め、酒にまつわる考古学的研究のいくつかの事例を簡単に紹介し、それをもとに甕に注目する理由が何かを述べることで、本書の位置づけを明確にする。

1 人類と酒の出会い

　前世紀の半ばに出版されたエミール・ヴェルトの大著『農業文化の起源』には、「醸造の知識がほとんど地球全土に、そして人類のあらゆる経済集団、すなわち農民、牧畜遊牧民および狩猟民のところに存在しているのを見出す。したがって、酒はおそらく人類一般とともに古いものであろう」と書かれている（ヴェルト 1968：307）。これは卓見といえるが、実は近年の遺伝学的研究は、このヴェルトでさえも想像できなかった展開を見せている、ということから話を始めたい。米国フロリダ州にあるサンタフェ・カレッジのマシュー・キャリガン（Matthew A. Carrigan）らは、2015 年に米国科学アカデミー紀要（PNAS）に発表した論文の中で、既存の霊長類データベースおよび新たに採取した組織を分析して、霊長類でそれぞれの種が持つクラス IV アルコール脱水素酵素を比較し、ゴリラ～ヒトの系統では特にエタノールをより効率的に分解できるようになっていることを指摘した。クラス IV アルコール脱水素酵素とは、生体が口腔から摂取したアルコール飲料等が最初に通過する消化管内において、エタノールを代

Ｉ　酒の考古学と甕酒造り　*3*

謝するアルコール脱水素酵素のことである。

　研究の結果、この酵素で突然変異がおこったのは約1000万年前のことであり、霊長類が陸上生活を始めた頃であることが明らかになった。つまり、それまで発酵度の高い果実が多い場所で生活していた霊長類が陸上生活を始めるにあたって、林床に落下した果実が発酵したものをエネルギー源として利用することができるという点で、エタノールを代謝する能力があったほうが生存に有利に働いた可能性があるとしたのである（Carrigan et al., 2015）。

　すなわち、人類が文字通りの人類、つまりヒトとなる以前から、すでに遺伝的にはアルコールを摂取するのに適した体質を持ち合わせていたということになる（図1）。この話から、中国や日本に伝わる「猿酒」を思い浮かべる読者も多いであろう。猿酒とは、たまたま落下した糖分を多く含む果実が樹木や岩石の窪みに残され、そこで熟し、自然発酵したものを猿が食べ、千鳥足状態

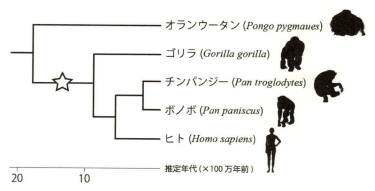

図1　ヒトと類人猿の進化系統樹における突然変異 A294V の発生位置（☆）
（Carrigan et al. 2015, Fig.1. をもとに作成）

になることを描写していったものである。

　これに対し、米国イェール大学のフイ・リー（Hui Li）らの研究によれば、現生人類においてアルコールを摂取できなくなる方向の進化が、東アジアを中心にして起こったことが知られる（Li et al. 2009）。ヒトがアルコール飲料を摂取できるかどうかにはアルコール脱水素酵素（ADH1B）とアルデヒド脱水素酵素（ALDH2）の二つの酵素が関わっていることが知られている。これを活性化させるものとそうでないものの間の遺伝的な変異が、一塩基多型（SNP）として捉えられていることを利用し、この変異の有無によってアルコールを摂取できたかどうかを判断できるというわけだ。つまり、お酒が飲めないという体質を獲得したことが、それぞれの地域で生存に有利に働いた可能性があるというのだ。

　酒が「飲める」ということが「飲めない」よりも有利と考えるのではなく、実は酒が飲めないほうがある種の適応形態であるというのは、二日酔いに悩みがちな筆者には、示唆するところが大きい。また、上記研究などで指摘されているように、アルコール依存症にかかるリスクを減らせるという意味では確かに有利な特徴であろう。いずれにせよ、人類が解剖学的現生人類となったその当初から、アルコールを摂取することが可能であった個体が多く存在し、果実の熟成など自然におきるアルコール発酵の恩恵に預かっていた可能性は十分である。ただし、こうした偶発的なアルコールの摂取と、計画的な醸造によるアルコール飲料の製作とでは、その規模や社会的・文化的重要性の次元がまったく異なることは、言うまでもない。

Ⅰ　酒の考古学と甕酒造り　　5

2 考古学で酒をどう研究するのか

　それでは、より新しい時代に下って、酒造りや飲酒行為がどのように研究されているのかを見てみよう。前述の通り、酒そのものが遺跡に残される可能性は極めて低いため、酒に関わっていることが明らかな遺構や遺物をもとに研究を行う必要がある。このような研究は、その時代の絵画や文字資料を参照することが可能で、アルコール飲料の存在が確実である場合にこそ説得力を持つことになる。こうした視点からすれば、人類による意図的な醸造や飲酒が文字や図像で確認できるのは、地球上に現生人類が誕生してからはるかに後の時代、メソポタミアやエジプトの事例からである。

　古代エジプトでは、紀元前3150年頃にはビールの醸造がすでに産業レベルに達しており、ビールを醸造する場面を再現したミニチュア模型が王族の墓からしばしば発見される。同じ頃のメソポタミアでも、楔形文字の中にビールを表現する文字が出現しており、それ以降、

　「ビヤ樽よ、ビヤ樽よ！　魂に至福をもたらすビヤ樽よ！」
　「良いもの、それはビール。」

などの名言に代表される、ビールを讃える数々の詩が残されている（ボテロ 2003）。絵画史料としては、容器にストローをさして複数の人間が飲酒するシーンが円筒印章に刻まれた例（写真1）がある。円筒印章とは、読んで字のごとく円筒状の印鑑で、大き

6

写真1 イラク、カファジェ出土のメソポタミア初期王朝時代の円筒印章（左）とそれを粘土に押し付けたもの（右）（シカゴ大学古代文化研究所提供）

さは長さ1〜6cm程度、大理石やラピスラズリ、瑪瑙、ヘマタイトなど多様な素材で作られている。これを転がすことで、連続した文様を粘土に浮かび上がらせることができる。この図像にあるようなストローは、フィルターの機能を果たすと同時に、共飲による精神の高揚をより促進したであろう。筆者はまったく同じような経験をかつてヴェトナムでしたことがあるが（写真2）、籾殻つきイネを発酵させて造った甕酒をストローで吸いながら飲むことにより、籾

写真2 現代ヴェトナムの甕酒を楽しむ筆者（2003年11月11日ハノイ近郊にて）

Ⅰ 酒の考古学と甕酒造り 7

殻を吸いこむことなく液体を吸い出すことができた。

　同じくメソポタミアで、ワインを指す言葉が現れるのは、紀元前2350年頃のラガシュの王ウルカギナの碑文に「（王は）酒蔵を建てた。山岳地から大きな瓶に入れた葡萄酒を運び、そこに入れた」と書かれた事例である。同じ頃には成立していた可能性のある古代メソポタミアの文学作品『ギルガメッシュ叙事詩』（現在に残る最古の写本は、紀元前2千年紀初頭）にも、ウルクのギルガメッシュ王が大洪水に備えて作らせた方舟の船大工にワインを振る舞ったというエピソードが書かれており、やはりワインの存在を裏付ける。ただし、この時点でのメソポタミアにおけるワインは外国原産で、遅れて到来した飲み物と考えるのが主流のようである。ワインの社会的重要性は時代とともに高まり、紀元前9世紀のアッシリア王アッシュルナシルパル2世の大宴会では、ワインはビールと同量の10万リットルが供されたというから驚きである。

　時代がさらに下り、ローマ時代の著名な遺跡であるイタリアのポンペイ（紀元後1世紀）の遺跡公園では、飲食店（テルモポリウム）あるいは居酒屋の場所が公開されており、カウンター状の構造物を見ることができる（写真3）。ワインや飲食物を蓄えた丸底の大型土器を設置できるようなしつらえとなっており、当時の盛り場の賑やかな様子を偲ばせる。

　また、ポンペイと同じくヴェスヴィオ山麓で発見された遺跡であり、ポンペイより後代の紀元後472年の噴火で埋没したことが知られるソンマ・ヴェスヴィアーナでは、ワイン醸造と関連する

写真3 ポンペイ遺跡のテルモポリウムの遺構（2002年3月筆者撮影）

とみられる埋設大型甕が発見されている。ドリア（ドリウム）と呼ばれるこれらのワイン醸造用の土器については、地面を掘削して器体を埋設し、それが連続して複数の列をなす様子が、ジョージアのワイン醸造用土器であるクヴェヴリと類似することが指摘され、ドリアとクヴェヴリの比較研究も行われている（Van Limbergen & Komar, 2024）。一般的にクヴェヴリの原料となる土はミネラルを豊富に含む粘土の混合物であり、醸造するワインに好ましいアロマや味わい、特に渋み（口の中で乾燥する感覚）を与えるという。このような性質は、ドリアを用いたローマ時代のワイン造りでも意識されていた可能性がある。なお、現代のクヴェヴ

Ⅰ　酒の考古学と甕酒造り　　9

リ製作者へのインタビューでは、木樽の香りがワインに移るのを避けて、より「ピュア」なワインを追求するためにクヴェヴリを用いるという口述が聞かれた。しかし、上記のような、土器には土器独自のフレーバーがあるという指摘は、筆者には納得がいくものである。

　また、両者に共通する胴の張った卵形のような器形は、発酵過程において重要な役割を果たす。すなわち、一次発酵によって炭酸ガスが発生し、容器内の温度が変化すると、その卵形の形状のために内部に対流が生じる。この流れは一種のポンプシステムとして機能し、酵母の死骸、果皮、その他の固形物を穏やかに攪拌するので、ブドウ果汁がゆっくりと混合される。この容器内での連続的な混合が、ワインのテクスチャーを豊かにし、発酵の均一性を促進するというのだ。

　一方、ワイン容器としてドリアとともによく知られるものに、ワインやオリーブオイル、魚醤などさまざまな液体、あるいはブドウや穀物などの固体を運搬する土器、アンフォラがある。船底に搭載するために並べやすい細長・尖底の形状を呈し、運搬に適した二つの持ち手を有するこのタイプの土器は、先史・古代の地中海世界で大量に製作・使用された。型式学的な研究の蓄積のおかげで、沈没船の遺跡からしばしば発見されるアンフォラから、難破した船の時代や国籍を知ることができる。海底に膨大な数のアンフォラが並んでいる様子は、考古学者ならずともロマンに胸をときめかせる情景である（写真4）。

　ひるがえって東アジアでは、中国古代の殷代（紀元前17世紀〜

写真4　海底に堆積するアンフォラ（キプロス、マゾトス沈没船、Lisa Briggs 撮影）

11世紀）の墓から副葬品として出土する青銅器の中に、「酒器」と呼ばれる豪壮な容器が多数出土している（内田 2023）。これらは、尊などの酒を入れる容器（盛酒器、図2-1）、觚などの酒を飲む容器（飲酒器、図2-2）、爵などの酒を温める容器（温酒器、図2-3）など用途に応じた多様な形態に発達した。尊は口が開いて胴がふくらむ器形で、殷代の主要な礼器の一つである。觚はラッパ状に開いた口に裾広がりの圏足をもつ筒形の盃である。爵は二柱という飾りと把手を備えた三足器で、火にかけて酒を温めることができる。殷代の酒は、温めて飲む酒であったようだ。これらの青銅器の組み合わせから、殷代にはすでに極めて体系だった

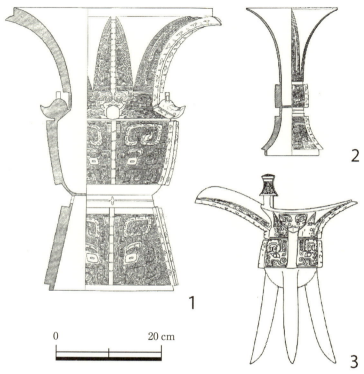

図2　殷墟出土の青銅製酒器各種：1：尊、2：觚、3：爵（『殷墟青銅器』文物出版社より）

飲酒の文化が確立していたことは確かで、その背後には安定した醸造技術が想定されるのである。

　それならば、それを遡る新石器時代にもアルコール飲料が醸造されていたことが想定されるが、これをめぐる「考古科学」的研究の不確かさについては、すでに指摘した通りである。ただし、

酒器とされる青銅器のうち、一部についてはその器形が新石器時代の土器にまで遡って辿ることが可能であるため、こうした土器が酒を温めたり、供したり、飲んだりする容器として用いられた可能性は十分にある。中国の飲酒儀礼がいつ、どこで、どのような過程で成立していったのかを追跡することは、大変興味深い研究テーマとなろうが、それだけに研究方法の洗練化が喫緊の課題といえる。

　さて、日本列島に住んだ人々は、いつから酒を醸し、飲んでいたのであろうか。よく知られているように、紀元後3世紀に書かれた『魏志倭人伝』には「人性酒を嗜む」「歌舞飲酒す」などの記述がみられ、我らが先祖が飲酒を楽しんでいた様子がうかがわれる。しかしその酒が穀物酒であったのか、果実酒であったのかは不明である。

　一方、『魏志倭人伝』に記録された時代であり、日本列島にイネがもたらされた弥生時代よりも遡って、アルコール飲料が存在したとする説もある。縄文時代の東北地方において、野生のエゾニワトコの果実をしぼって発酵させていたという大胆な仮説である。舞台は青森県の三内丸山遺跡と、秋田県の池内遺跡。ここで検出された、約6000年前の縄文時代前期にあたる、ニワトコ属を主体とする種実遺体群の産状と内容から，縄文時代の果実酒酒造の可能性を示した研究がある（辻2005）。両遺跡からは、ニワトコ属が最優占し、それにクワ属、キイチゴ属、マタタビ属、キハダ、ブドウ属、ミズキ、タラノキの種が混ざった集まりが、その周囲を細かな繊維状植物によって包まれるような状態で検出さ

れた。この検出状況を上記のさまざまな野生のベリーの果汁が絞り漉された残滓とみなし、その果汁が発酵してアルコール飲料となったのではないか、と考えたのである。

　大変魅力的な仮説であるが、これについては反論も出されている（平岡ほか2022）。この研究では、現生のエゾニワトコを用いた発酵実験・成分分析を核として、ニワトコ属種実が遺跡から出土した事例の悉皆的集成や、ニワトコ属の利用に関する民族事例の検討が行われた。その結果、エゾニワトコの果実の糖度の低さや水分量の少なさ、pH の高さなどの特徴は酒造用には適さず、むしろビタミン源としての食用や、呪術・祭祀での利用が主であった、としたのである。

　一方、縄文時代中期（約5000年前）の中部高地で発達する「有孔鍔付土器」と呼ばれる土器も、縄文時代における醸造を語る際に必ず言及される資料である。有孔鍔付土器は、文字通り孔が連続的に開けられた鍔部をめぐらせた土器で、この孔から発酵で発生したガスが抜けていくという想定である。これに加え、このような土器の中から「ヤマブドウの種子が見つかった」という情報が独り歩きし、醸造器説を補強するかのような印象を与えている。しかし実情をうかがわせる発言は、次の通り。「たまたま、火事にあったことのある住居から出た有孔鍔付土器の中に、炭化した山ブドウの種子が一粒入っているのが見つかった。これはいい証拠だと思って見とれていたら、風に吹かれてどこかに飛んでいっちゃった」（藤森・上山・武藤1973、p. 37 の武藤氏の発言）。つまり、「有孔鍔付土器の内面にヤマブドウの種子が付着していた」

という事実を検証するための情報はまったく欠落しており、その
ヤマブドウの種子そのものも行方不明となっている。したがっ
て、ほかの方法で検証しなければ、議論は進みそうにない。

　弥生時代に大陸からイネが伝わってからは、イネの酒、すなわ
ち日本酒の源流のようなものが醸されていた可能性があるが、証
拠に乏しい。続く古墳時代の祭祀遺跡として有名な山ノ神遺跡
（奈良県桜井市）では、大正7年（1918）に巨石構造物の上面や周
囲から鏡・玉類・石製および土製の模造品が出土し、このうち
臼・杵・箕・匏・杓・案・坩・有溝円板などの土製模造品が、酒
造と関連するものと推定されている（大場1951）。コメを臼と杵
で脱穀、箕でふるって脱稃し、水を杓や匏で小型土器である坩に
汲み入れて醸し、案にのせて捧げるという一連の行為が推定され
たのである。報告時には用途不明品とされた有溝円板について
は、餅麴とする説や鏡とする説があり、検証が難しい。

　以上が先史時代における研究の状況であるが、文字記録が出現
すると、アルコール飲料の醸造に関する確かな証拠が得られるよ
うになる。奈良時代の都である平城京の中心部、平城宮内におか
れた造酒司は、酒や酢の醸造を掌る役所であった。天皇家の居
住する内裏や宮内の神事・饗宴に用いられる酒が、ここで醸造さ
れていたのである。奈良文化財研究所により、昭和39年（1964）
以来、造酒司の西半分にあたる場所で5度の発掘調査が行われ、
掘立柱建物や井戸が見つかっている。特筆すべきは、ずばり「造
酒司」と書かれたもの（写真5-1）をはじめとし、酒造りを中心
とする各種の日常業務の様子を断片的に記した木簡（墨書の認め

I　酒の考古学と甕酒造り　　15

られる木片）が多く発掘されたことである。平成27年（2015）には、これらの出土木簡568点が国の重要文化財に指定されたことからも、その重要性がうかがい知れる。

　これらの木簡からは、原料となる米がどこから送られてきたのか（写真5-3,4）、酒の種類や名称（写真5-6〜8）、醸造時のトラブルに関わることなど、さまざまな情報が得られている。後者の事例でユニークなものとしては、「臭い酢、ネズミが入っている（写真5-5）」などというものもある。

　本書に関わる部分で特に興味深いのは、大甕の付札木簡（写真5-9）である。甕（＝大甕）の付札と推定される。冒頭の「二條六甕」は、2列目の6番目に設置された大甕という意味で、多くの甕が縦横に整然と並んでいた様子がわかる。また、ここに書かれた容量である「三石五斗九升」は、今の約1石6斗7升、約301リットルにあたる。中身が何かは書かれていないが、酒の可能性が高いであろう。同遺跡で見つかっている水甕の付札木簡には、「四石五斗九升」とあり、こちらは約370リットルである。

写真5　平城宮造酒司跡出土の酒造関連木簡（奈良文化財研究所提供）
　1・2　平城宮木簡2234号（同一個体の表裏）、造酒司が、若湯坐少鎌・犬甘名事・日置薬ら三人を呼び出す召文の木簡
　3　平城宮木簡2252号、両村郷から「御酒米」を納めた際の荷札
　4　平城宮木簡2266号、「荒河郷酒米五斗」
　5　平城宮木簡2390号、「臭キ酢、鼠入リテ在リ（入リタリ）。」
　6　平城宮木簡2316号、「白酒」は麹の比率が三割弱で発酵させたもの
　7　平城宮木簡2277号、志紀郡田井郷（河内国）から送られた「難酒（アルコール度数の高い濁り酒か）」の荷札
　8　平城宮木簡2319号、「清酒中」、中は等級を表すか
　9　平城宮木簡2330号、「二条六甕三石五斗九升」

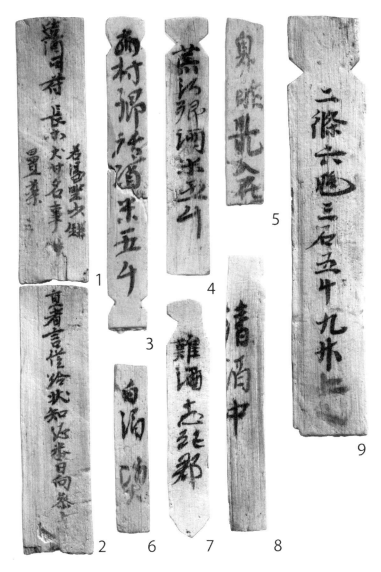

I 酒の考古学と甕酒造り

なお、本木簡群は、神亀元年（724）11月に行われた聖武天皇の
大嘗祭の準備に関わるものを含んでいると考えられている（奈
良文化財研究所 2015）。酒はまつりごとにおいても、重要な役割を
果たしていたのであろう。

　木簡が出土する地域・遺跡は限られるが、土器に墨書きした
「墨書土器」にも、さまざまな脈絡で「酒」の文字が登場してい
る。例えば東北地方においては、「酒」関係の墨書土器が9世紀
〜10世紀前半に集中し、ほとんどが坏や皿などの供膳形態であ
ることが注意されている（荒木 2020）。最北の城柵遺跡である秋
田城跡から出土した墨書土器1224点のうち、16点が「酒」関係
の墨書土器であり、酒所、酒厨などの施設名を記したものが多い
という。遺跡の性質上、蝦夷や渤海国使節との饗宴に関わるもの
と解釈されている。接待に酒は欠かせないということであろう
か。

　さらに時代が下り、近代の酒造りに関しては、文献資料の研究
が進んでいるが、近世考古学の分野でもホットなテーマになりつ
つある（「近世考古学の提唱」50周年記念研究大会実行委員会 2019）。
酒造遺構の発掘調査や、江戸時代の邸宅遺構などから膨大な量が
発掘されている、酒器や酒の運搬容器などがその題材となる。酒
造関連遺跡の例としては、大阪府伊丹市伊丹郷町遺跡の竈・搾り
場・井戸・室跡・臼屋跡（近世〜近代）、兵庫県西宮市所在の白鹿
酒ミュージアム内の日本酒醸造のための釜場・槽場遺構（現代）
の発掘調査など有名な酒処での調査事例が多数知られており、当
時の作業場の様子を活き活きと伝えている。また、沖縄県浦添市

城間遺跡の地下式蒸留竈（近世〜近代）については、現代東南ア
ジアの民族事例との綿密な比較研究により、泡盛の醸造遺構であ
る可能性が指摘された（安里1996）。一方、酒に関する遺物は多
岐にわたり、量も膨大である。容器としての徳利（陶器・磁器）・
片口鉢、温酒器としての燗鍋・チロリ、飲酒器としての盃などで
あり、それぞれに細かな型式分類がなされている。

　以上のように、酒にまつわる考古学研究は世界各地で行われて
おり、日本でも多くの資料や研究事例が蓄積されている。しか
し、物的証拠として酒そのものが残らない以上、どのような酒が
飲まれていたのか、酒の醸造方法がいかなるものであったのか、
などについて深く掘り下げることは、これらの方法からではおの
ずと限界があるのが難点といえる。

3　甕にかける期待

　そこで期待がかかるのが、酒と直接的に結びつく物的証拠を確
保できる潜在性をもつ甕である。これまで述べてきたように、酒
にかかわる考古学的調査のいろいろな場面で、土器がその場に存
在していた。醸造に用いられた可能性のある土器を調べることに
は、①時と場所を特定できる、②類推の助けとなる現代の事例が
多数存在する、③器体が多孔質であるとともに、付着物が観察さ
れる事例がある、というさまざまな研究上のメリットが考えられ
る。以下、一つずつ見ていこう。

Ⅰ　酒の考古学と甕酒造り　　*19*

①時と場所を特定できる

　土中に埋まっても腐ることのない焼き物は、考古学研究のもっとも基礎的な資料である。その可塑性のために、時代による流行りや廃れを敏感に反映し、かつ壊れやすいために頻繁に製作と廃棄を繰り返す。考古学者が熱心に型式分類を行い、それを地域・時代に秩序ある形で位置づける作業である「編年」は、考古学の最も基礎的な作業かつ、特に日本では最もポピュラーな研究の手続きであるだけに、その蓄積は極めて豊富である。土器片ひとつで、それがいつ、どこで作られたものであるのかを相当な精度で言い当てて見せることは、考古学者のお家芸の一つとなっている。

　あるいは、日本の畿内で見つかっている醸造所と考えられる遺構から出土した遺物であれば、直接的に場所や時期と関連づけることができる。日本の事例については次章で紹介するが、同様の例は海外でも発掘されており、イタリアの事例については上述した。日本に近い事例としては、例えば韓国の紀元後8世紀の倉庫群が発見された慶州市城乾洞遺跡（ソラボル文化財研究院2020）では、大型壺を埋設した遺構が55基、並んだ状態で調査されている（図3）。ここからは、大型壺（図4−1）のほか、漏斗（2）、蓋（3）、青銅の柄杓（4）やその柄（5）などが出土している。報告書では具体的な言及がなされていないものの、朝鮮時代の酒の醸造にも甕が用いられている（鄭1987）ことを考えると、酒を含め、各種液体の貯蔵容器が並んで設置されていたものと見たい。

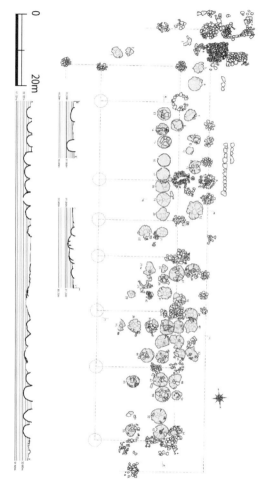

図3 慶州市城乾洞遺跡第3号建物跡（報告書より加工転載）

I 酒の考古学と甕酒造り 21

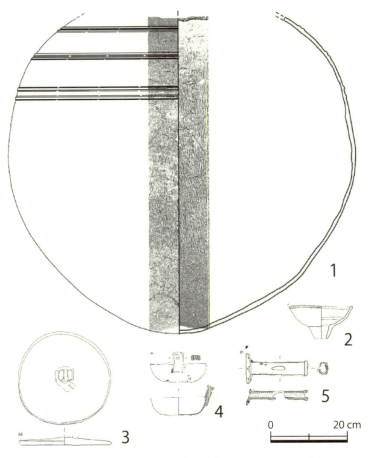

図4　慶州市城乾洞遺跡第3号建物跡出土遺物（報告書より加工転載）

②類推の助けとなる現代の事例が多数存在する

　もう一つの大きな研究上の利点は、甕を用いた醸造は現代においても世界各地で行われており、それを参考にして甕やその周囲の道具をどのように用いるのか、そして何より、それによって醸された酒の特徴を子細に調査研究できるという点である。

　上述したような、メソポタミアの円筒印章に刻まれた飲酒の風景が現代のヴェトナムの甕酒の飲み方と共通していたり、ローマ時代のドリアが現代のジョージアのクヴェヴリと多くの特徴を共有していたり、というのが好例である。ジョージアのクヴェヴリは、今も現役でワイン醸造に用いられている素焼きの土器であり、製作から使用までの一連の流れ（写真6）を目の当たりにすることができる。

　ところで、これは筆者の個人的な印象に過ぎないかもしれないが、昨今の日本では焼酎の「甕仕込み」が一種の流行を見せているように思う。クヴェヴリはまさに甕仕込みの典型であるが、日本でも「甕仕込み」あるいは「甕壺仕込み」という売り文句を店頭で見られた読者の方も多いであろう。甕をつかって仕込んだ焼酎は「まろやか」とされるが、これは、金属製の容器よりも温度変化が少ないためであるとか、焼き物の表面に微細な凹凸があったり空隙があったりして空気に触れやすいからであるとか、あるいは容器自体に内在する微生物のため、などさまざまな説明がなされる。甕のもつ各種の物理的特徴が、酒の味や香りに本当に結びついているのか、そしてもしそうならばどのようなメカニズムによるものなのか、一つ一つについての検証が必要であろう。

I　酒の考古学と甕酒造り　　*23*

写真6 1：K氏工房にてクヴェヴリを成形している様子、2：B氏工房にて窯詰めの様子、3：D氏ワイナリーにてクヴェヴリが埋設されている様子（いずれも筆者撮影）

こうした検証の試みの一つとして、田邊らは、まったく同一の
器形をもつ釉薬つきと釉薬なし（素焼き）の容器を用いて清酒を
醸造することで、釉薬のあるなしが醸造にどのような影響を及ぼ
すかを検証した（Tanabe et al., 2023）。この研究では、3週間の発
酵期間にわたり、サンプルの温度、重量、エタノール濃度、グル
コース濃度を測定し、実験終了時の味覚値、ミネラル、揮発性成
分も定量した。その結果、釉薬のかかった容器に入れた醪に比
べ、素焼きの容器では醪の温度が低く、重量の減少が大きかっ
た。エタノールの量とナトリウム、鉄、アルミニウムの濃度は、
素焼きの容器で醸した清酒のほうが高い傾向にあった。味覚分析
の結果、うま味・塩味も素焼きのほうが高かった。これらの結果
は、釉薬のあるなしが酒の複数の発酵パラメーターと風味に影響
することを示唆している。

③器体が多孔質であるとともに、付着物が観察される事例がある

　もっとも、類似した脈絡の現代の事例があるからといって、そ
れを直接過去にあてはめるのが不適切であることは言うまでもな
い。平城宮造酒司において酒と酢が醸造されていたことに端的に
示されるように、現代の醸造容器と類似した器の特徴のみから酒
とそれ以外の発酵食品を区別することは至難の業であろう。そこ
で着目すべきが、甕の器体の内部にのこされた残存有機物であ
る。素焼きの土器や陶器の胎土は多孔質であるので、このような
特殊な環境下でアルコール飲料にかかわる有機物が残存する可能
性がある。これまで土器の残存有機物分析では、脂肪酸を中心と
する脂質を1万年以上前の試料から抽出してきたが（庄田・クレ

イグ 2019)、さらに個別的に、発酵がおこっていたことを直接示す、微生物の研究が必要である。

　こうした試みはほとんど不可能かに思えたが、最近の清水らによる樽材に定着した酵母菌の研究（清水ほか 2023）は、筆者に希望を与えるものであった。木質表面にはセルロース繊維の断面「フィブリル」孔が無数に存在し、微生物が住みつきやすい空間があるという。これを検証するために、発酵醪に浸漬した oak chips を利用した発酵実験を行い、水洗いや 80℃ の熱処理、亜硫酸溶液、30% エタノールによる洗浄では、酵母が死滅せずに残されることが明らかになった。つまり、木材の表面は酵母が留まりやすい環境であり、そこに留まった酵母が新たな発酵に関与する可能性が示された。蔵付き酵母ならぬ樽付き酵母とでもいうべきであろうか。同様に、甕付き酵母というものが存在するのであろうか。

　村上らは、現代の酢醸造壺の付着物を対象として、脂質およびタンパク質の分析を行い、考古遺物の付着物を分析する際に重要となる、続成作用の影響について検討した（村上ほか 2023）。対象としたのは、①使用中の壺の付着物、②使用停止後 3〜5 年程度が経過した壺の付着物、③使用停止後数十年が経過した壺の付着物、の 3 種類である。脂質については、不飽和脂肪酸が①で顕著に見られた反面、②、③では見られなかったことが確認された。タンパク質については、①や②には酢酸菌に由来するものが検出されたが、③からは検出されなかった。また、①では原料であるイネのタンパク質が検出されたが、②、③では見られなかっ

た。さらに、①と②では麴菌のタンパク質が検出されたが、③では検出されなかった。反面、有機物の分解に働く環境微生物である放線菌は③で確認されたが、①、②では確認されなかった。このように、段階を追って微生物叢の変遷を理解することは、今後の考古遺物の分析において不可欠なデータとなるであろう。

　以上のように、甕に注目して研究を進めることで、先史・古代の酒造りについて新しい知見が得られるのではないか、というのが筆者の目論見である。本書はこの信念に基づいて編まれたものであるが、その見通しが正しいかどうかは、読者諸賢の判断に委ねたい。

参考文献
《和文》

安里進 1996「蒸留器と竈からみた泡盛の歴史」泡盛浪漫特別企画班編『泡盛浪漫―アジアの酒ロードを行く―』ボーダーインク

荒木志伸 2020「東北地方出土の「酒」に関わる墨書土器」『酒史研究』35: 15-26 頁

ヴェルト・エミール 1968（藪内芳彦・飯沼二郎訳）『農業文化の起源』岩波書店

内田純子 2023『中国殷代の青銅器と酒』風響社

大場磐雄 1951「三輪山麓発見古代祭器の一考察」『古代』3: 1-9 頁

「近世考古学の提唱」50 周年記念研究大会実行委員会 2019『近世の酒と宴』

清水秀明・鎌田綾・小山和哉・岩下和裕・後藤奈美 2023「樽材に定着した Saccharomyces cerevisiae がワイン醸造および酵母菌叢に与える影響」『日本醸造協会誌』118(9): 639-648 頁

庄田慎矢・オリヴァー＝クレイグ 2017「土器残存脂質分析の成果と

日本考古学への応用可能性」『日本考古学』43: 79-89 頁

庄田慎矢 2023「"最古の酒"を疑う―古代の僧房酒を考える前提として―」『古代寺院の食を再現する』吉川弘文館、122-129 頁

辻誠一郎 2005「縄文時代における果実酒酒造の可能性」『酒史研究』22: 21-28 頁

鄭大聲 1987『朝鮮の酒』築地書館

奈良文化財研究所 2015『地下の正倉院展　造酒司木簡の世界』

平岡和・那須浩郎・金子明裕 2022「縄文時代におけるニワトコ果実の用途の推定」『植生史研究』30(2): 71-85 頁

藤森栄一・上山春平・武藤雄六 1973「縄文時代の祖先たちの風景　原日本人」『日本史探訪1　日本人の原像』角川文庫

村上夏希・西内巧・庄田慎矢 2023「土器付着白色物質の分析について」『古代寺院の食を再現する』吉川弘文館、108-121 頁

ボテロ・ジャン（松島英子訳）2003『最古の料理』法政大学出版局

《ハングル》

ソラボル文化財研究院 2020『慶州城乾洞都市計画道路（ソ3-37）開設敷地内遺跡2次発掘調査報告書』

《英文》

Carrigan, M. A., et al. (2015). Hominids adapted to metabolize ethanol long before human-directed fermentation. *Proceedings of the National Academy of Sciences of the United States of America, 112* (2), 458–463.

Li, H., et al. (2009). Refined Geographic Distribution of the Oriental ALDH2*504Lys (nee 487Lys) Variant. *Annals of Human Genetics* 73 (Pt 3): 335–345.

Tanabe, K., et al. (2023). Glazing Affects the Fermentation Process of Sake Brewed in Pottery. *Foods 13*(1), 121. https://doi.org/10.3390/foods13010121

Van Limbergen, D., & Komar, P. (2024). Making wine in earthenware vessels: a comparative approach to Roman vinification. *Antiquity*, *98*(397), 85–101.

●column●

クヴェヴリと
ジョージアのワイン造り

柿沼江美

　ジョージアワインは「8000年前から造り続けられてきた世界最古のワイン」として、今や世界中で知られるようになった。太古の昔から伝わる製法によるワイン造りというと、多くの人々は「収穫したブドウを放置するだけでできるワイン」というイメージを抱くかもしれない。

　私自身、ジョージアの家族経営のワイナリーを訪れるようになってはじめて、伝統製法と呼ばれる古代のやり方に近いワイン造りを目にする機会を得た。こうした現場では、人々が旧来のやり方に固執し守り続けるだけでなく、実に多くの工夫や実践を取り入れていることに気づかされた。

クヴェヴリとは

　伝統的なジョージアワインの醸造には「クヴェヴリ」と呼ばれる甕が欠かせない。これは取っ手のない素焼きの土器で、卵型をしており、土中に埋めて使う。クヴェヴリは人々の文化や歴史と

密接に結びつき、ジョージア人の生活の中で大きな役割を果たしてきた。クヴェヴリを使用したワイン製法は、平成25年（2013）にユネスコの世界無形文化遺産に登録された。しかしながら、現在では優れたクヴェヴリを作ることのできる熟練した職人の数は減少し、生産数も限られる。

　クヴェヴリはワインの発酵や醸し、熟成に使用される。容量は20リットルから10000リットルまでさまざまである。ある醸造家は150〜200リットル、1300〜1400リットル、1700リットルと3種の異なる容量のクヴェヴリを、それぞれの用途に合わせ醸造所内で使い分けている。サイズの異なるクヴェヴリを、目的に応じて、温度管理された建物の1階部分と自然な温

写真1　醸造所内に設置されたクヴェヴリ

度環境下の地下室に適切に配置し、それらを組み合わせて、発酵、醸造、ブレンド、熟成などの工程を行っている。

　醸造所は現地語で「マラニ」と呼ばれる。かつてはマラニの建設は人力で行い、まるでピラミッド建設のように、巨大なクヴェヴリを丸太の上を転がして焼き窯から運んで埋め込む大作業が行われていたそうだが、現代ではクレーンなどの重機を用いて大規模工事がされる。クヴェヴリは数年ごとに掘り返して新しいものに交換したり、壊れた箇所を補修したりすることがある。土中に

写真2　クヴェヴリと並ぶワイン生産者

埋める際には、ワインの発酵時に発生する熱を考慮してクヴェヴリ同士の適切な間隔を保つことが重要であり、この間隔は長年の経験で蓄積されたデータに基づいて計算されている。

　伝統製法のワイン造りのプロセスでは、ブドウを圧搾(あっさく)し、ブドウの果汁に果皮、種子、茎が混ざった状態で、クヴェヴリに入れて蓋をする。アルコール発酵中に浮いてきた果帽(かぼう)を、棒を使って沈める作業は3〜4時間ごとに繰り返される。発酵が完了するまで何週間にもわたって続くこの作業は大変に力のいることで、主に男性の仕事とされる。発酵が終わると、冬の間は5〜6か月ほど蓋をしておく。春になるとクヴェヴリを開封し、別の容器に移し替えてさらに熟成させるか、瓶詰めにする。クヴェヴリの底に

写真3　醸造所内で地中に埋められたクヴェヴリ

残った搾り滓はチャチャと呼ばれ、これを蒸留してブランデーにすることもある。クヴェヴリは次の年の使用に備えて洗浄される。

　発酵の際に含める果皮や種子、茎の量は醸造家によって異なる。できあがるワインの色や味わいに大きく影響するため、生産者の意図が反映されるところである。「アンバー（琥珀色の）ワイン」という呼び方から想像されるのはウイスキーのような色であるが、ある醸造家は自身のワインを「太陽の光を集めた蜜の色」と詩人のように表現した。造り手によってさまざまな色調が存在することに驚かされる。

古くて新しいジョージアワイン

　ジョージアワインの魅力はその多様性にもある。ジョージアには500種を超える土着のブドウ品種が存在する。そして国内の醸造家たちのみならず、国外から移住してきた新進気鋭の醸造家が、ジョージア独自のブドウ品種や風土を探求し、新しい表現を追求している。これによって、ジョージアワインは単なる古典的なワインにとどまることなく、斬新でより現代的なものも誕生している。

　国内の醸造家たちも日々研鑽を重ね、若い世代には海外の大学の醸造学科で学んで技術を持ち帰ったり、酒類の国際的な資格に取り組んだりする意欲的な生産者も多くいる。国際的な賞や認証を取得するワイナリーも増えてきた。

　現代のジョージアワイン醸造には、科学的なアプローチも取り

入れ、海外市場でも評価を得るための積極的な取り組みが見られる。温度管理や微生物学的な制御など、現代のワイン製造技術も適切に導入されている。ジョージアらしい風味や個性を損なうことなく、ジョージアワインは新たな高みを目指す挑戦を続けている。

　ジョージアワインの長きにわたる歴史は、人々の叡智が凝縮された集大成である。その伝統と進化が融合したワイン造りの現場からは、歴史を重ねた独自の魅力が感じられる。

Ⅱ 甕酒造りに用いる土器の製作

庄田愼矢・末廣　学

はじめに

　奈良時代に酒を醸造していたことが知られる平城宮造酒司や西大寺食堂院からは、醸造に用いた可能性が考えられる須恵器の大甕が多数出土している（図1）。特に、奈良文化財研究所が発掘調査を行った西大寺食堂院における検出遺構や遺物の出土状況から、これらの甕は、整然と並んだ配置で掘削された土坑に据え置かれる形で使用されたことが明らかである（写真1）。そしてこのような状況が、木簡に書かれた文字からも推察されることは、前章で述べた通りである。出土大甕の内面には、甕の使用段階の内容物の喫水線を示すと推定される痕跡が観察されている（小田ほか2021、本書三舟論文）ため、このような容器が酒の醸造に用いられたのではないかという推定と矛盾しない。

　大型甕が規則的に並ぶという同様の遺構配置は、奈良時代以降

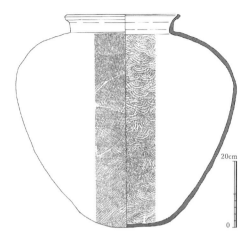

図1　西大寺食堂院 SE950 から出土した須恵器
　　甕（奈良文化財研究所編 2007 より加工転載）

の遺跡でも確認されている。長岡京市に位置する長岡京時代の長岡京右京八条二坊七町遺跡や、京都市に所在する室町時代の遺跡である平安京左京六条三坊五町跡の「楊梅室町西南頬之倉」（写真2、丸川 2006）が好例であり、ともに酒蔵との関連性が明確に指摘されている。

　本研究を始めるにあたり、奈良時代の酒がどのようなものであったかを検討するためには、醸造容器としてより新しい時代に登場した木桶やステンレスを用いないということにとどまらず、考古遺物によって確認されているような、可能なかぎり須恵器に近い、釉薬の付いていない焼き物を使用して醸造実験を行う必要性が考えられた。そこで、備前焼の作家であり須恵器の復元製作に

写真1 西大寺食堂院 SX930 埋甕検出状況（奈良文化財研究所編 2007）

も豊富な経験を有する、寒風窯の末廣学が醸造土器の製作を行うこととなった。

　製作にあたり、平城京跡を中心とした出土須恵器の実物や、平城宮に須恵器を供給していたことが知られる寒風古窯跡群出土土器を観察し、器形や製作技法について確認した。古代の官衙や集落遺跡から出土する須恵器大甕については先行研究で整理されている（奈良文化財研究所編 2019）が、それによると実に多様な器形・容量のものが存在することが知られる。寒風古窯跡群出土土器（写真3）を参考としつつも、特定の個体を厳密なモデルとす

38

写真2 「楊梅室町西南頬之倉」甕群の出土状況
（京都市埋蔵文化財研究所2005）

写真3 寒風古窯跡群1-III号窯跡出土甕（瀬戸内市教育委員会2009、瀬戸内市文化観光課提供）

るのではなく、須恵器大甕の最大の特徴ともいえる叩き技法を採用して、丸みを帯びた胴部と丸底を持つものを製作することとした。ただし、いわゆる「大甕」と呼ばれる須恵器の大きさは、長岡京などでは、大きいもので胴部直径が1.2ｍに及ぶものもある。また、平城宮造酒司跡出土木簡の記載内容からは、約301リットルもの大型の甕が用いられていたことが知られる。しかし今回は、成形や焼成スペースに関わる現実的な制約から、古代の「大甕」に分類されるものよりは、小ぶりのものを製作せざるを得なかった。

　サイズの違いだけでなく、須恵器の製作技法は現代の製陶技法と相当に異なっていた可能性がある。したがって、実際の製作技法についてはまだまだ不明な部分が多い。よって、醸造用の土器の製作にあたり、奈良時代の須恵器の完全なコピーを意図することは現実的ではないものと判断した。特に、底の丸い土器をどのように成形していくのか、そしてなぜこの薄さで成形時に形が維持できるのかなどは、理解の難しい部分であった。今回の製作は、このような技術的背景に対する検討が不十分な段階で行ったものであるので、土器製作技術に対する考察のための復元製作という意味合いでは、さらなる発展の余地が残されている。

1　甕の成形

　実験用土器の製作は、令和3年（2021）9月に、岡山県瀬戸内市牛窓町に位置する末廣の工房で行った。土器製作のための粘土

には寒風地区の土を使用した。まず2cmほどの厚みの底部円板を平らに叩きつけるようにして作ったのちに、紐づくりで9段分を立ち上げて、おおまかな器体を成形する（写真4-1, 2）。粘土紐の太さは直径4cm、長さは20〜30cm程度で、1段あたり2〜3本の粘土紐を使用する。粘土の重さは合計で15kg程度である。成形にあたっては、奈良時代には当然手回しロクロを使用したものと考えられるが、便宜上、電動ロクロを使用する。粘土紐同士の間の継ぎ目は破損の原因になりやすいため、木鏝でならして継ぎ目をふさぎながら、50cm程度の高さまで積み上げていく（写真4-3）。目的の高さまで積み上がってから、水で器体を濡らしつつナデてロクロを回す。ロクロナデによって全体の厚みを均一に調整しながら口頸部の作り出しを行い、壺状に胴部を張らしていく（写真4-4）。この工程において口頸部のつくりをしっかりしておけば、持ち運びなどがしやすくなり、製作も容易になる。なお、須恵器大甕の製作については、甕胴部のみを叩き技法により成形した後に、口頸部を後付けで製作したとの説もあるが、今回は一体での成形としてみた。その後、内面に布をあてながら胴部に丸みをもたせていく（写真5-1）。

　次に、胴部内面に当て具（写真6-1）を当て、羽子板状の叩き板（写真6-2）で叩くことにより、少しずつ、うすく、大きく円形に張り出させる（写真5-2）。この時点で口縁部付近の形態は仕上がっており、次第に乾燥し、固まってゆく。叩き成形は、適宜器体を乾燥させながら行うが、底部は最終段階まで平らなままである。叩き板と当て具については、出土遺物を参考にして製作

写真 4 土器製作の工程 1

写真5　土器製作の工程2

Ⅱ　甕酒造りに用いる土器の製作

写真6 当て具 (1) と叩き板 (2)

したものを使用した。当て具については、出土須恵器片などにも見られる同心円状の紋様を刻み、叩いた時に器面から離れやすくする工夫として、その材質には石膏などを用いた。叩き板については、刻みを入れるか、紐を巻くなどして、やはり器面から離れやすい工夫を加えた。叩きを加える順番については、土器が上から乾いていくため、上半部から仕上げていく。胴部最大径のあたりにさしかかったところで台からはずし、横置きして下半部を叩く。最後に、その時点ではまだ平らのままである底部を丸く仕上げる（写真5-3）、という順序で作業を進めた。なお、この製作技法を用いる場合は、このサイズがほぼ限界と考えられた。当て具を持つ腕の長さが制限要因となるためである。ただし、当て具の持ち手の部分を長くしたり、型作り法を用いたりすれば、より大きなものを作ることは可能であろう。成形に要した時間は、全

44

体で10日ほどであった。

2 甕の焼成

　成形を終えた土器が乾燥・焼成を経ると、器体が2割程度小型化することが知られている。窯詰めは耐火性の棚板などを用いながら、ほかの小型器種の須恵器と同じスペースに並べて行った（写真5-4）が、奈良時代にはこのような詰め方ではなかったはずで、大きさや形に合わせて窯床に直接器物を効率よく配置していたと思われる。製作した甕は底が丸いので、どの方向に設置しても問題がなく、凹凸のある窯床には窯詰めしやすい器形であるという点は、注意に値する。ここでは、「はせもの」と呼ばれるかませもの（破損した陶片など）を用いつつ、土器が動かないように設置した。

　備前焼は酸化焼成（空気を取り込みながら燃やす）であるために赤っぽい色調となるが、須恵器の場合は還元焼成（強還元）であり、灰色を呈する。還元焼成を行うと、高温になるにつれ炉圧も高まり、窯のあらゆる穴から炎が出る。その炎の出方を見て薪の投入を調節し、還元の強さをはかる（写真7）。寒風で焼かれた須恵器は他産地のものより灰褐色ながら白っぽく美しいものがみられるので、そのような効果が得られることを期待して、天井から10cmくらい炎があがる状態で焼成した。酸化焼成の焼き物より還元焼成で焼かれた焼き物のほうが焼成後の収縮が大きく、硬く焼き締まり、強度も増す。また、強還元の場合は黒褐色の須恵

写真7　土器窯と焼成の様子（1：点火前、2：還元焼成が進んでいる様子）

器、弱還元の場合は灰褐色の須恵器に焼き上がることが知られている。

　焼成時間は4昼夜であった。今回は大型品であったため、急激な温度上昇による破損が起こらないように400℃前後までは徐々に温度を上げ、900℃を過ぎた頃から還元焼成に入るための操作を行った。すなわち、煙突の開口部を狭めて窯の中に入る空気を少なくする一方、窯正面の焚き口の蓋を外し焚き口いっぱいに薪を口掛けして随時薪を補充していった。この際に、薪を補充するペースによって還元の強弱を調節しながら、最高温度の1200℃まで温度を上げた。この最高温度帯を8時間ほど保ち、火を止める時には練った山土などで窯に目打ちをして完全密封した。その後は自然に温度が下がるのを待ち（約7日間）、窯出しを迎えた。

3 完成した甕について

 以上の工程を経て完成した復元須恵器甕の容量は、約23リットルである。外面には自然釉(しぜんゆう)が垂れており、鑑賞していても飽きない、美術品としても高品質の仕上がりである(写真8)。色調は一般的な須恵器に比べやや赤みがかっており、備前焼の雰囲気を匂わせる。器壁の厚さを計測すると(図2)、肩部(a):10.7 mm、胴部最大径付近(b):8.6 mm、胴部中央(c):9.4 mm、胴下部(d):15.1 mm、底部(e):10.1 mmとなっており、もともと円筒形であった器体を叩き成形によって球胴形に変形させたことにより、最も変形の大きかった部分、すなわち胴部最大径付近と胴部中央、そして底部において、器壁が最も薄くなっていることが明らかである。このような一個体の土器の中での部位によ

写真8 醸造実験用の模倣須恵器(1:正面、2:内面/末廣学製作、奈良文化財研究所提供)

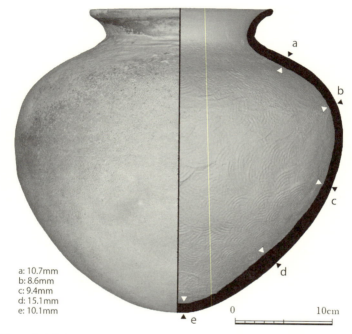

図2 醸造実験用の模倣須恵器の側面・断面（計測・作図：中村亜希子、編集：庄田慎矢）

る器壁の厚さの違いについては、出土遺物の成形技法を検討するうえでも重要な視点であろう。

　なお、この土器を真上からみると、口縁部、胴部ともにほぼ真円に近いことが確認できる（図3）。器体を回転させながら叩き成形した結果であるが、極めて均整がとれており、全体として美しい回転体に仕上がっている（図4）。

48

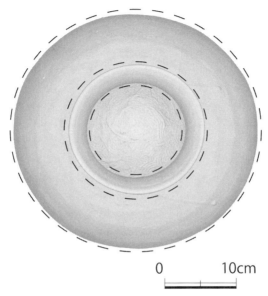

図3 醸造実験用の模倣須恵器の俯瞰（計測・作図：中村
亜希子、編集：庄田慎矢）

　なお、このような丸底部と球胴部を持つ器形は、内容物である
液体に対流が起こりやすい形といえる。例えばジョージアのクヴェヴリの卵形の形態も、第Ⅰ章で紹介した通り、内容物の対流に適していると考えられている。また、現代のワイン醸造に用いられるコンクリート製のエッグ・タンクについて、卵形という形状が発酵の過程で自然な渦を作り出すため、醸造時に澱をかき混ぜる必要性を減らすと考える醸造家もいるという（Shackelford and Shackelford 2021）。しかし、円筒形のタンクと比較した実験研究

Ⅱ　甕酒造りに用いる土器の製作　　49

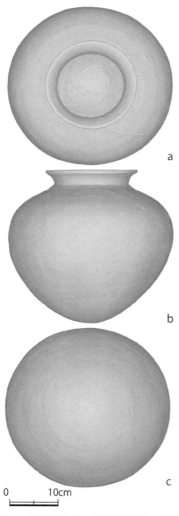

図4 醸造実験用の模倣須恵器の展開図（計測・作図：中村亜希子、編集：庄田慎矢）

によると、卵形タンクは温度制御や液流速においてより非効率的であるという見解（Miller, Oberholster, and Block 2019）もあることには注意が必要であり、結局のところ、この形態が本当に醸造に適しているのかには、確たる証拠がない。

また、この形態のその他の利点としては、ひしゃくで最後まで液体を汲み取りやすいという点があげられる。平底土器の場合には、底面と胴部の壁体の間に角がついてしまうため、ひしゃくで掬いにくい空間が生じてしまう。また、平底土器を使用した場合は、地面に穴を掘って土器を設置する際に、穴の底面を平坦かつほぼ水平に整えなくてはならない。しかし、丸底の場合はその手間は必要なく、大まかに掘りくぼめた穴の底

面の形に合わせながら設置することが可能である。これは、窯詰めの際に指摘した丸底の利点と通じるものである。ただし、いずれの説も決定的とはいいがたいため、なぜ醸造用の土器にこの器形が好まれたのかについては、今後も検討を続けていく必要があろう。

　以上のように、さまざまな疑問点を残しながら、ついに醸造用の土器が完成した。ただ、完成した土器そのものだけでなく、製作の過程で得られた諸々の問題意識も、本研究の大きな成果物といえるであろう。

参考文献

小田裕樹・三舟隆之・山口欧志・金田明大 2021「西大寺食堂院出土須恵器甕と内面の痕跡―第404次」『奈良文化財研究所紀要 2021』: 184-185 頁

京都市埋蔵文化財研究所 2005『平安京左京六条三坊五町跡』

瀬戸内市教育委員会 2009『史跡寒風古窯跡群』

奈良文化財研究所編 2007『西大寺食堂院・右京北辺発掘調査報告』

奈良文化財研究所編 2019『官衙・集落と大甕』

丸川義広 2006「発掘ニュース 75「楊梅室町西南頬之倉」―室町時代の酒倉跡を発見―」『リーフレット京都』210.（財）京都市埋蔵文化財研究所・京都市考古資料館

Miller, K. V., A. Oberholster, and D. E. Block. 2019. "Predicting Fermentation Dynamics of Concrete Egg Fermenters." *Australian Journal of Grape and Wine Research* 25（3）: 338-344.

Shackelford, James F., and Penelope L. Shackelford. 2021. "Ceramics in the Wine Industry." *International Journal of Ceramic Engineering & Science* 3（1）: 18-20.

●column●

日本での
クヴェヴリワインの醸造

近藤良介

クヴェヴリ仕込みの試行錯誤

　クヴェヴリの蓋を開けてみたら中身は空だった、という夢をたまに見る。仕込みはちゃんとしたはずなのに、何かのはずみでクヴェヴリが割れてワインがすべて地中に流れた、そんな恐ろしい夢。目が覚めた時の安堵感は、クヴェヴリを地面に埋めた人間でなければピンとこないかもしれない。

　2017 年、念願の共同ワイナリーを開設した時から、クヴェヴリとの付き合いは始まった。本場ジョージア産が 2 基、それに北海道の窯元で焼いてもらった小さめの甕が 6 基、それらでいわゆる「オレンジワイン」を醸している。

　日本国内では地中に埋めたクヴェヴリでのワイン醸造の例が少なく、試行錯誤の連続だった。2016 年の秋にジョージアを訪れた際、もちろんそこではワイン造りのコツのようなものをいくつか聞いてはいたものの、気候や品種の違いもあり、圧倒的な経験

写真1　クヴェヴリ室の様子　冬の期間、クヴェヴリの蓋を囲むように木枠を置き、その中に土を入れて断熱をし、上蓋に石で重しをして密閉度を高めている。

値の差は埋めがたく、聞きかじりの情報だけではうまくいかないことのほうがはるかに多かった。

　例えば、クヴェヴリ仕込み2年目には、前年のワインをクヴェヴリから取り出して次の仕込みに移るまでの1〜2か月の間に、クヴェヴリ内部壁面にカビを生じさせてしまい、結果それがワインの味に反映されてしまうという痛恨の失敗があった。ジョージアの造り手に「石灰を壁面に撒いて抗菌をする」というアドバイスをもらいそれを実行したのだが、現地より湿度の高い環境や、おそらく埋めた土壌の性質にも関係しているのか、もしくは上蓋を密閉したのがいけなかったのか、ともかく内部の結露が激しく、気づいた時には石灰の塗りムラにしっかりとカビが繁茂してしまっていたのだった。

その汚染されたクヴェヴリを洗浄する際も、「カビが生えたらまず高温で殺菌する」という定石通りのアドバイスをもらい、まずスチーム殺菌してみたがうまくいかず、「昔は火を使って殺菌していた」という言葉を思い出してバーナーで炙ったところ改善したので、今はそれを実践している。長期間中身を空にする際は、石灰を水に溶かし、それを充塡することで最初の結露の問題は解決している。

地中に埋まっている意味

　一方で、2021年、樽とステンレスタンクで発酵させていた通常の白ワインがすべて、途中で発酵停止してしまうことがあった。自然酵母でのワイン造りでは、この現象が起こることはこれまでにも何度かあったが、そのロットはあまりに甘口で止まってしまったため、悩んだあげく、これをクヴェヴリに再投入するという荒療治をしてみたことがある。結果、それまでピクリとも動かなかった酵母が息を吹き返し、2か月ほどで最後まで発酵が進み、完全なワインに仕上がった。ワインを移動した際に空気との撹拌があり、それも再発酵の要因になったとか、科学的な理由はいくつかあげることができるはずだが、神秘的な体験ではあった。

　いずれにしても、「土でできた容器が地中に埋まっている」という特殊な状況が、近代醸造に慣れ切ったこちらの感覚を惑わせていたので、最初の失敗の頃は、このクヴェヴリが埋まってさえいなければ……とか、まずは埋めずに地上に立てて洗いやすく使うのが無難だったのか……という後悔に似た感情を抱くこともあ

写真2 クヴェヴリで醸しているぶどうの果帽を押し下げる「ピジャージュ」と呼ばれる作業（能登匡洋撮影）

った。世界の多くの造り手がアンフォラ（古代ギリシャ・ローマなどでワインの醸造・運搬に用いられた素焼きの大型容器、p. 11写真4を参照）を地上に立てて使っているのは、考えてみれば精神衛生上もっともだという気がする。

　その反面、地面に埋まっていることで受けている「何らかの恩恵」を強く感じることもあり、それが今の私のメンタルを後押ししてくれているのも事実だ。ジョージアを巡ってクヴェヴリを地中に埋めていない生産者は一人もいなかったし、そこには動かしがたい理由があるはず。一般的には、地中の温度の安定が最大のメリットといわれるのだが、実際に空のクヴェヴリに入ってその空間内で受け取る内的イメージからは、それ以上の何かがあるように思える。宇宙を漂うような、もしくは母の胎内にいるような不思議な感覚。情報汚染の進んだ人間がそのように感じるのだか

写真3　クヴェヴリに投入されたばかりのぶどう

写真4　完成したクヴェヴリワインを汲み出す様子

ら、もっと原始的な微生物、つまりワインを醸す酵母はさらに敏感にその感覚を受け取り、自らの生命活動に影響を与えているのではないだろうか。

　これからも相変わらず例の冷や汗をかくような夢は見続けるだろうが、ここ数年で酪農学園大学との共同研究などでクヴェヴリ

内部での酵母の挙動や熟成のメカニズムなど、少しずつその神秘的な部分にも光が当てられており（髙橋 2021）、感覚頼りのワイン造りからは脱却しつつあるところである。また、現在では入手困難なジョージアのクヴェヴリの代替としてコンクリート製のクヴェヴリ型容器を地中に埋め、その比較も進めている。伝統的な醸造法に科学的なバックボーンが加えられることで、少しでも「怖い夢を共有できる仲間」が増えてくれることを切に願っている。

参考文献

髙橋宗一郎 2021「伝統容器クヴェヴリを用いた自然発酵ワインの醸造学的特性と品質管理」酪農学園大学大学院学位論文（博士）

Ⅲ 古代の甕酒造り
のレシピ

三舟隆之

はじめに─日本の酒造の歴史に関する研究─

『魏志倭人伝』に改めて指摘されるまでもなく、日本人は酒が好きである。とすれば当然酒造の研究史も多い。坂口謹一郎監修／加藤辨三郎編『日本の酒の歴史』（研成社、1977年）では、縄文時代から近代までの酒の歴史を網羅し、原料・麴・酵母、色・香り・味など総括的な研究を行っている。加藤百一『日本の酒5000年』（技報堂出版、1987年）は、縄文時代から近代までの酒の歴史を一般向けに書き下ろした書であり、同様な書として吉田元『酒　ものと人間の文化史172』（法政大学出版局、2015年）が、日本の酒についての概説書として知られる。一方、それに対しやや専門的な立場からの解説書として、上田誠之助『日本酒の起源』（八坂書房、2020年）が古代の酒に焦点をあて、発酵を中心に蘖（よねのもやし）や麴について解説し、堀江修二『日本酒の

来た道』（今井出版、2014年）は、基礎的な日本酒の解説に始まり日本酒のルーツから杜氏との交流を書く。

　なかでも堀江著書は、

> 「木簡の専門研究者の奈良国立文化財研究所の馬場基先生にお聞きしたところ、これらは甕の大きさを表すもので、大甕や次甕、少甕などを酒室に並べ、1本ずつ次々と仕込んだ配合ではないかとのことであった。また当時、酒に使用された米は特別な米が多く、木簡に酒米と記載されたものもあり、特に糯米系の赤米が多く使われていたのではないかとのことであった。（中略）麹歩合や汲水歩合から今の酒に比較して味が濃く、甘いことが想像できる」（堀江2014、p. 142）

と述べており、長屋王家の酒について言及する。そこで本章ではまず古代日本の酒造りに言及し、長屋王家木簡などの文献史料から、その実態に迫りたい。

1　日本酒の始まり

縄文・弥生時代の酒

　日本最古の酒は縄文時代の果実酒であるといわれている（加藤1987）。青森県三内丸山遺跡からは、エゾニワトコ・キイチゴ・ヤマブドウなどの種子が出土し、果実酒が醸造されていたとされている（奈良県立橿原考古学研究所附属博物館2013）。実際、セイヨウニワトコはワインの醸造の原料にもなるから、縄文時代でも果実酒が醸造されていた可能性は否定できない。長野県藤内遺跡

Ⅲ　古代の甕酒造りのレシピ　　59

からも酒造用土器と推定される有孔鍔付土器が出土し、ヤマブドウの種子が付着していたことから、縄文時代の八ヶ岳山麓でもヤマブドウの果実酒が造られていたとされている。

　朝鮮半島などから稲作文化が伝来し、日本各地で稲作が行われるようになると、米を原料とする酒造りが行われるようになったらしい。卑弥呼が登場する『魏志倭人伝』には、「始メ死スルヤ、停喪十余日、時ニ当リテ肉ヲ食ラハズ、喪主ハ哭泣シ、他人ハ就キテ、歌舞飲酒ス」とか、「其ノ会同ハ、坐起ニ父子男女ノ別無ク、人ノ性酒を嗜ム」とあり、日本人の酒好きの様子が記録されている。

記紀などに見える酒造り

　出雲神話で有名なスサノオノミコトの八岐大蛇の伝承では、

　　　一書に曰く、（中略）、乃ち素戔嗚尊教へて曰く、「汝衆たの菓を以て酒八甕を醸め。吾当に汝が為に蛇を殺さむ」とのたまふ。二の神教えの随に酒を設く。（中略）。素戔嗚尊、蛇に勅して曰く、「汝は是れ可畏き神なり。敢へて饗せざらむや」とのたまひて、乃ち八甕の酒を以て、口毎に沃入れたまふ。其の蛇、酒を飲みて睡る。（以下略）

　　　　　　　　　　　　　（『日本書紀』巻一神代上第八段一書）

とあり、「衆たの菓を以て酒八甕を醸め」とあるところから、甕を醸造器として果実酒を造っていたことがうかがえる。

　一方で米を原料とする酒は、口噛み酒であった。『大隅国風土記』逸文には、

　　　大隈ノ国ニハ一家ニ水ト米トヲマウテ、村ニツケメグラセ

バ、男女一所ニアツマリテ、<u>米ヲカミテ、サカブネニハキ入</u>
<u>レテ</u>、チリヂリニカヘリヌ。酒ノ香ノイデクルトキ、又アツ
マリテ、カミテハキイレシモノドモ、コレヲ飲ム。名ヅケテ
<u>クチカミノ酒</u>と云フト云々、風土記ニ見エタリ。

（下線部筆者）

とあり、口嚙みの酒とは、唾液中のデンプン分解酵素であるアミ
ラーゼ、ジアスターゼを利用してデンプンを糖化させ、空気中の
野生酵母で糖類をアルコール発酵させる原始的な醸造法であっ
た。

　しかし朝鮮半島から新たに麴を用いた発酵による酒造法が伝わ
ると、口嚙み酒は廃れていく。『古事記』応神天皇段には、

　　酒醸むことを知れる人、名は仁番、亦の名は須須許里等、参
　渡<ruby>来<rt>き</rt></ruby>ぬ。故、この須須許里、大御酒を醸みて献りき。是に
　天皇、是の献れる大御酒に宇羅宜て、御歌ひたまひて曰く、
　　須須許里が　醸みし御酒に　我酔ひにけり　<ruby>事無酒<rt>ことなぐし</rt></ruby>　<ruby>笑酒<rt>ゑぐし</rt></ruby>
　　に　我酔ひにけり

とあり、朝鮮半島から渡来した「須須許里」が、初めて酒の醸造
法を伝えたという。

　麴は米に酵母菌が付着したもので、『<ruby>播磨国風土記<rt>はりまのくにふどき</rt></ruby>』<ruby>宍禾郡<rt>しさは</rt></ruby>条
には、「<ruby>庭音村<rt>にはと</rt></ruby>〈本の名は　<ruby>庭酒<rt>にはき</rt></ruby>なり〉。大神の<ruby>御粮<rt>みかれひ</rt></ruby>、<ruby>沾<rt>ぬ</rt></ruby>れて<ruby>黴<rt>かび</rt></ruby>生
えき。即ち酒を醸さしめて、庭酒に献りて、宴しき」とあって、
米にカビが繁殖して酒が醸されたとある。朝鮮半島から渡来した
「須須許里」が伝えた酒造法は、まさしく麴菌を利用したものと
いわれているが、ここに一つ謎がある。坂口謹一郎は、中国の酒

Ⅲ　古代の甕酒造りのレシピ　61

は生の小麦などの穀物を砕いたり粉にしたりしたものを水でかためて、煉瓦状・団子状・円盤状あるいは大形のサイコロ状に成型したものにクモノスカビを生やして造る、いわゆる「餅麹」を糖化剤としており、それに対して日本の酒はもっぱら蒸した米粒のままカビを生やした、いわゆる「撒麹」状態のものを糖化剤として造られていることを指摘している（坂口1975）。

　すなわち同じ東アジアの文化圏でも中国や朝鮮半島は、モチ麹であるのに対し、なぜ日本だけがバラ麹を用いた酒造法なのか、日本の湿潤な気候が影響したとか江南の水田耕作文化がそのまま伝わったなど諸説あるが（上田、加藤など）、よくわからない。

奈良県山ノ神遺跡出土土器の酒造り

　山ノ神遺跡は三輪山西麓に位置し、古墳時代後期（6世紀後半）の祭祀遺跡と考えられる。狭井川に沿った尾根状の磐座遺跡で、大正7年（1918）に臼・杵・箕・瓠・杓・案・坩・鏡の土製模造品が出土した。米を臼と杵で脱穀して箕で篩い、水を瓠や杓で汲み、坩で醸造するという酒造の状況を表したものとされ、『延喜式』造酒司条の「酒造雑器」と共通する。このうち鏡とされる円形状のものは、円形状の板麹（モチ麹）とする意見もあるが、先述したように、古代日本の酒造に関する麹はバラ麹であり、モチ麹ではない。

群馬県高崎市観音塚古墳出土の大甕

　群馬県高崎市観音塚古墳は6世紀末から7世紀初頭頃に築造された全長約97mの前方後円墳で、太平洋戦争中の昭和20年（1945）3月に地元住民が防空壕を掘った際に発見された。銅承台

写真1　山ノ神遺跡出土土製模造品（大神神社所蔵）

写真 2 高崎市観音塚古墳出土甕と液体（高崎市観音塚考古資料館提供）

付蓋碗のほか金銅製心葉形透彫杏葉や五鈴鏡、馬具や刀装具
つきふたわん　　　　　　　　　しんようけいすかしぼりぎょうよう　ごれいきょう
など、当時の工芸技術の水準の高さがうかがえる副葬品が出土し
た。中でも高崎市観音塚考古資料館が所蔵する観音塚古墳出土の
甕には出土時液体が入っており、昭和20年5月23日の『上毛新
聞』によれば、前橋医学専門学校の岡崎教授の分析で酒であるこ
とが証明、とある。後述するように、古代の酒造りでは大甕を用
いた可能性が高いことから、古墳時代でも大甕による酒造が想定
できる。

2 文献史料から古代酒を再現する

文献史料に見える酒造り

『日本書紀』大化2年（646）3月22日条には「農作の月には田作りに励め、魚酒を禁ぜよ」とあり、日本最古の禁酒令が出されているが、反対にこの頃は村落レベルで酒造が行われていたことを示している。養老儀制令の春時祭田条では、「凡そ春時祭田の日には、郷の老者を集めて、一たび郷飲酒礼を行え」とあり、村落レベルでも酒造りは行われていたに違いない。ただ酒造はある程度財力と酒造技術が必要であるから、『宇津保物語』吹上上に「これは酒殿の。十石入るばかりの瓶廿ばかり据ヱて、酒造りたり」とあるように、在地富豪層による酒造が中心であろう。『日本霊異記』中巻32縁には、紀伊国名草郡三上村の薬王寺で檀越の岡田村主石人が、薬料のものと称して米を寄進させ、妹の姑女に酒を造らせて出挙し、そしてその酒を借りた男が利息を返済できないまま死んで、牛に生まれ変わって償うという典型的な化牛説話がある。また下巻26縁には、讃岐国美貴郡の大領小屋県主宮手の妻である田中真人広虫女が、自らの氏寺である三木寺の寺物を盗用して出挙の不正を行っていたのに加えて、酒に水を加えて売るという罪まで犯して地獄に堕ちるという説話がある。これらの説話では、寺院を経営する富豪層が酒を造って、さらにそれを出挙して利息を得ている状態がうかがえ、寺院での酒造も行われていた可能性がある。

Ⅲ　古代の甕酒造りのレシピ　　65

しかし大量の酒造を行う必要があったのは律令制国家で、律令官制における食品関係官司は、朝廷での饗宴の料理を担当する大膳職と天皇の供御を準備する内膳司があり、その他に諸国から運ばれた米を保管する大炊寮、酒・酢の類を醸造する造酒司がある（玉田2002）。「職員令」造酒司条では「正一人〈掌らむこと、酒・醴・酢を醸らむこと〉。佑一人、令史一人、酒部六十人〈掌らむこと、行觴に供せむこと〉。使部十二人、直丁一人、酒戸」とあって、国家の管理の下で酒造りが行われていることを示している。平城宮における造酒司は、昭和39年の発掘調査などによってその遺構が明らかになりつつある。発掘調査の結果、「造酒司」と書かれた木簡が出土した（p.17写真5-1）。造酒司跡は内裏東方にあり、南北門や掘立柱建物・井戸跡などが発見されている。掘立柱建物の内部には甕の据え付け穴がならんでおり、醸造・保管にかかわる施設であろう。また井戸跡は六角形の周囲を石敷きでめぐらせる巨大な井戸である。このほか、区画内には竪穴が掘られており種麹の保存施設の可能性がある。遺構からは酒造に関する木簡のほかに酢に関する木簡も出土しており、「中酢」「臭酢鼠入在／臭臭臭臭臭」などと書かれた木簡も見つかっている。前者は酢の等級を示すものであると思われ、後者は酢の中に鼠が入り腐敗している様子を示している。

これは中央だけでなく地方官衙でも同じで、諸国の正税帳には各国衙や郡家が酒を管理していることが知られる。例えば天平9年（737）の『駿河国正税帳』では、「穎稲陸万陸仟参拾弐束弐把（中略）酒弐升捌合　醸加弐斛　幷弐斛弐升捌合〈雑用一斛九斗

五升九合〉」とあり、天平2年の『大倭国正税帳』では「酒漆拾甕（平群郡）酒陸甕〈々別五斛〉」とあって、郡家レベルでも酒が管理されていることがわかる。長元3年（1030）の『上野国交替実録帳』諸郡官舎条の群馬郡には、「酒屋」という酒の醸造・貯蔵に関する建物が雑舎として見える。その他、片岡郡・多胡郡・那波郡・吾妻郡・勢多郡・新田郡・山田郡などでは、厨家の中に「酒屋一宇」とあって、「酒屋」が厨家に属している。このように郡家では厨家の中に「酒屋」の建物が属していたらしい。

　また天平10年の『淡路国正税帳』には、「元日設宴給米弐升、充稲肆把。酒弐升〈拝朝庭参国司長官已下、史生已上合二人人別給米一升、酒一升〉」とあり（『大日本古文書』2-104）、元日朝賀の儀式の際に支給されている。実際に『摂津国正税帳』（天平8年）では

　　「穎稲玖仟捌伯参拾弐束肆分（中略）　県醸酒弐拾斛陸斗伍升
　　役民料酒参拾斛　雑用稲弐伯捌拾伍束〈酒五斛醸料七十束、
　　伝食料七十八束八把、〉」

とあり、酒5石を醸造するのに穎稲（稲穂付きの米）70束を使用している。この米を酒の原料とすれば、1束は10把で、穎稲を脱穀すると稲穀1斗になり、さらにそれを精米すると5升だから、米35升で酒5石ができることになる。ただし、麹・水の量は不明である。

　古代の文献史料には「清酒」のほかに「浄酒」「濁酒」「白酒」「古酒」や「粉酒」「醴酒」などの名称が見られる。古代の酒は基本「濁酒」すなわち「どぶろく」で、その上澄みが「清酒」「浄

Ⅲ　古代の甕酒造りのレシピ　　*67*

酒」とされ、「濁酒」「白酒」はまさしく濁り酒で、「古酒」は醸造から１年以上たった酒、「醴酒」は甘酒であるが、「粉酒」はよくわからない。『万葉集』に登場する有名な山上憶良の「貧窮問答歌」に見える「糟湯酒」は、酒糟を湯で溶いた下級の酒とされるが、醸造法については、よくわかっていない。

長屋王家木簡に見える酒造り（奈良時代）

長屋王は高市皇子の嫡子で、母は天智天皇の皇女の御名部皇女（元明天皇の同母姉）であり、天武天皇の孫にあたる。神亀６年（729）２月、密告により謀叛の疑いで自殺させられている（長屋王の変）。長屋王家木簡は、長屋王とその夫人・吉備内親王の邸宅跡である平城京左京三条二坊一・二・七・八坪のうち、八坪東南隅の土坑SD4750からまとまって出土した木簡群をいい、当時の上級貴族の生活や家政機関を知るうえで重要な史料である。

中でも以下の木簡については、貴族の邸宅内でも酒造が行われていたことを示す貴重な史料である。

・御酒□〔醸ヵ〕所充仕丁　／蘇我部道　朝倉小常石／椋部
　皆　私部小毛人∥右四人」

・大甒米三石麹一石水□石　次甒米二石麹一石水二石二斗
　次甒米一石麹八斗□瓼　米□石＼麹一石水□石二斗　次甒
　二石麹八斗水二石一斗　少甒米一石麹四斗水一石五升

　　　（『平城宮発掘調査出土木簡概報』〈以下、城〉23-5上（5））

まずこの木簡は長屋王家の家政機関内に「御酒（醸）所」が存在し、蘇我部道以下四人が仕丁して勤務していたことが知られる。先述したように『宇津保物語』では貴族の邸宅内で酒殿が存

表1　長屋王家木簡による酒の仕込み配合

	甕の種類	総　米	米	麹	水	麹歩合(%)	汲水歩合(%)
1	大甕	4石	3石	1石	□	25.0	
2	次甕	3石	2石	1石	2石2斗	33.3	87.8
3	次甕	1石8斗	1石	8斗		44.4	
4	□甕		□石	1石	□石2斗		
5	次甕	2石8斗	2石	8斗	2石1斗	28.6	89.9
6	小甕	1石4斗	1石	4斗	1石5升	28.6	89.9

在していたのであるから、長屋王邸内でも酒殿が存在することは想定できる。

　次に重要なのは、甕の等級と総米量、米・麹・水の歩合が判明することである。木簡では六つの甕の内、「次甕米二石麹一石水二石二斗」「次甕二石麹八斗水二石一斗」「少甕米一石麹四斗水一石五升」から米・麹・水の量から麹歩合が約30%前後で、汲水歩合が約88〜90%程度であることが知られる。

　実際にこの配合比率で長屋王の酒を再現したものに、中本酒造の「長屋王の酒」がある。2018年9月26日のデジタル奈良新聞の経済面には、「古代の酒造方法を再現―木簡の記述をもとに「長屋王」を限定販売／生駒の中本酒造店」という記事があり、

　　奈良文化財研究所の依頼で同木簡に記された奈良期の酒の酒造方法を解読した島根県の日本酒研究者が、実際に造れるかどうか同社に醸造を要請。同社はその中の酒造方法の一つをもとに、現在手に入る素材と照らし合わせつつ、試行錯誤を重ねて完成にこぎつけた。

（https://www.nara-np.co.jp/news/20180926094702.html）

とある。ただし確認したところ、奈良文化財研究所が依頼した事実はない。

中本酒造によって再現された「長屋王の酒」（令和3年度）は、日本酒度 −48.0、酸度 2.8、アミノ酸 5.9、アルコール濃度 18.4で、かなり甘い味のアルコール濃度が高い酒であることがわかる（https://yamaturu.com/news?wid=5933　2023/08/23）。これは今回、奈良県御所市の油長酒造で再現実験した酒でも同様な傾向であった（本書第Ⅳ章）。

平城宮造酒司における酒造り

先述したように、律令制国家は儀式や支給として大量の酒を必要としていた。そのため宮内に造酒司という官司を設け、そこで酒造りが行われていた。平成5年（1993）の発掘調査では、掘立柱建物10棟、掘立柱塀4条、溝9条、井戸2基などの遺構が検出された。中でも特殊なのは、奈良時代後半期に二重同心円状の石敷や六角形の井戸館などの特殊な空間装置をそなえた、建物群の中心的位置を占める井戸が検出されていることである。平城宮造酒司地区から出土した酒関係の木簡には、以下のような木簡がある。

1）酒関係

　①「諸白」（『平城宮木簡』〈以下、平城宮〉2-2362）

　②「・清酒四斗・白酒」（平城宮 2-2322）

　③「・少林郷缶入清酒・　四斗志紀郡　河内国志紀郡」（平城

宮 2-2278・城 3-6 下 (79))

④「清酒中」（平城宮 2-2319・城 3-8 上 (123)）

①の「諸白」とは、麴米と掛米の両方に精白米を用いる手法で、清酒のような上等酒にあたる。②～④にも「清酒」が見え、特に④の「清酒中」は上中下の等級を表すものであろう。平城宮造酒司では、以上のような上等酒を醸造していたと考えられる。

2）酒造関係

⑤「・十一月十六日水汲／針杲安／田部咋未呂∥　／高宮五百嶋／長□〔車ヵ〕足嶋∥・　／民酒人／桑原知嶋∥　／丈部□〔奈ヵ〕足未呂／日置造金□」（平城宮 2-2237・城 3-5 下 (54)）

⑥「三条七瓱水四石五斗九升」（平城宮 2-2331・城 3-8 上 (126)）

⑤は酒造の汲水に作業を行う人物名であり、⑥は『宇津保物語』吹上上に「これは酒殿の。十石入るばかりの瓶廿ばかり据ヱて、酒造りたり」とあるように、造酒司でも酒甕を据え付け、「三条七瓱水四石五斗九升」とは 3 列目の 7 番目の甕で、容量を示していると考えられる。

3）酒　米

⑦「□□郷酒米五斗」（平城宮 2-2301）

⑧「八弁郷春御酒米五斗」（備中国賀夜郡か）（平城宮 2-2264・城

3-6 上（67））

⑨ 「□口郷舂米一石・　□□」（平城宮 2-2275）

⑩ 「荒河郷酒米五斗・賀美里」（紀伊国那賀郡か）（平城宮 2-
2266・城 3-6 上（66））

⑪ 「両村郷御酒米五斗」（尾張国山田郡か）（平城宮 2-2252・城
3-6 上（65））

⑫ 「・山田郡山口郷　・米五斗」（尾張国）（平城宮 2-2254・城
3-6 上（74））

⑬ 「尾張国中嶋郡石作郷／酒米五斗九月廿七日」（平城宮 2-
2251）

⑦〜⑬は「酒米」の貢納を示し、「五斗」が基準である。「舂
米」とあるのは精米したものであろう。

4）赤　米

⑭山田郡建侶酒部枚夫赤米」（平城宮 2-2253・城 3-6 上（69））

⑮ 「川上郷赤米」（平城宮 2-2271）

⑯ 「□〔川ヵ〕人郷赤舂米□〔五ヵ〕」（丹波国桑田郡川人郷）（平
城宮 2-2272）

⑰ 「□□□赤米」（平城宮 2-2304）

⑱ 「氷上郡井原郷上里赤搗米五斗・上五戸語部身」（平城宮 2-
2255・城 3-6 上（72））

⑲ 「丹後国竹野郡芋野郷采女部古与曽赤舂米五斗」（平城宮 2-
2258）

⑳「播磨国赤穂郡大原郷・五保秦酒虫赤米五斗」（平城宮 2-
2261・城 3-6 上(70)）

　赤米とは、玄米の種皮にタンニン系の赤色色素を持つ米である
（小川ほか 2008)。しかし精米すれば、赤い色素は残らない。造酒
司木簡に見える赤米の貢進地域は播磨・丹波・丹後・尾張国など
であるが、藤原宮東方官衙北地区や飛鳥京苑池遺構から「戊寅年
十二月尾張海評津嶋五十戸・韓人部田根春〔春〕赤米斗加支各田
部金」（『評制下荷札木簡集成』-22・『木簡研究』25-48 頁-(52)）の木
簡が見え、「正倉院文書」の「大倭国正税帳」にも平群郡や城下
郡などで「赤春米」の記載が見えるから、特定の地域で栽培され
ていたわけではないであろう。
　ただ平城宮内の赤米木簡は大半が内裏・第二次大極殿の東方に
集中して出土しており、特に SD2700 溝と造酒司推定地から出土
している。出土地の顕著な集中は、赤米の用途や関係する造酒司
などの官衙の配置を考えるうえで注目される。「正倉院文書」天
平 6 年「尾張国正税帳」（『大日本古文書』1-608）には、「納大炊寮
酒料赤米弐伍伍拾玖斛充穎稲伍阡壱伯捌百一束二把」とあって、
赤米が酒の原料として使用されていることがわかる。平城宮から
出土する赤米木簡が造酒司付近から出土していることとあわせて
考えれば、赤米が酒造に用いられていた可能性が考えられる。平
城京左京三条二坊一・二・七・八坪の長屋王邸からも「丹生郡中
津山里生部安倍赤米一石・和銅八年」（城 25-21 上(248)）という
木簡が出土しており、赤米が酒造に関係するとすれば、この赤米

Ⅲ　古代の甕酒造りのレシピ　　73

も長屋王邸での酒造に用いられていたと考えることもできよう。

『延喜式』に見える酒レシピ

10世紀前半に成立した『延喜式』造酒司「造=御酒糟-法」条には、以下のような酒の種類や原料、仕込み歩合などが記載されている。

　　酒八斗料。米一石。蘖四斗。水九斗。御井酒四斗料。米一石。蘖四斗。水六斗。

　　醴酒九升料。蘖二升。酒三升。

さらに「其酒起=十月-、酢起=六月-、各始、醸造。経レ旬、為レ醞、並限=四度-」とあるので、「御酒」は10月から醸造し、「旬」は10日であるから、10日ごとに「添」（蒸米・麹・水を分けて醪に加える）を4回行う四段仕込みであった可能性がある。現在の仕込み配合からすれば、麹の使用量が多く水が少ないところから、濃厚な甘口の酒であったと思われる。また「御井酒」については、「起=七月下旬-醸造、八月一日始供」とあるので、夏の時期に醸造している。汲水量が御酒よりも低いので、かなり甘口の酒であろう。「醴酒」は一夜酒、すなわち甘酒であるとされる。

また『延喜式』造酒司「造=雑給酒及酢-法」条にも、

　　頓酒八斗料。米一石。蘖四斗。水九斗。熟酒一石四斗料。米一石。蘖四斗。水一石一斗七升。

とあり、「頓酒」は「御酒」と同じ仕込み歩合であるがおそらく一段仕込みで、短期間で造る酒であろう。「熟酒」は反対に時間をかけて醸造した酒とされるが雑給酒であり、「御酒」や「御井

表2 『延喜式』における酒造り仕込み配合

	総量	米	櫱	水	酒	麹歩合 (%)	汲水歩合 (%)	醸造時期
造御酒糟法								
御酒	8斗	1石	4斗	9斗		約29	約64	10月
御井酒	4斗	1石	4斗	6斗		約29	約43	7〜8月
醴酒	9升			2升	3升		約33	6〜7月
造雑給酒法								
頓酒	8斗	1石	4斗	9斗		約29	約64	
熟酒	1石4斗	1石	4斗	1石1斗7升		約29	約84	
白酒・黒酒	1石5斗	7斗1升4合	2斗8升6合	5斗				10月上旬 黒酒は灰三升を投入

参考）堀江修二『日本酒の来た道』146頁

酒」に比べ汲水量から辛口の酒であったのではなかろうか。

また『延喜式』造酒司「新嘗会白黒二酒」条には、新嘗祭・大嘗祭で供される「白酒・黒酒」の記載がある。

（前略）木工寮、酒殿一宇・臼殿一宇・麹室一宇〈草葺を造れ〉。（中略）十月上旬、吉日を択びて始めて醸し、十日の内に畢えよ。（中略）其れ酒を造らんには米一石〈の女丁に官田の稲を舂かしめよ〉。二斗八升六合を以て櫱となし、七斗一升四合を以て飯となせ。水五斗を合わせて各等分し一甕となせ。甕は酒一斗七升八合五勺、熟するの後、久佐木灰三升〈御生気の方の木を採れ〉を以て、一甕に和合、これを黒貴と称え。其の甕は和えず。これを白と称え。（以下略）

史料には酒殿・臼殿・麹室が見えるから、官田で栽培した稲を

女丁が精米して酒米とし、麴を造って酒殿で甕を用いて醸造している。「造酒者米一石〈令女丁舂官田稲〉、以二斗八升六合為糵、七斗一升四合為飯、合水五斗各等分為一甕」とあり、こちらでも仕込み歩合が判明する。「黒酒」は酒に「久佐木灰」を加えたものとし、「白酒」はそれを加えないものであるとされるが、「久佐木灰」については草木灰なのか「臭木（クサギ）」の灰なのか、諸説ある。

　『延喜式』造酒司「造酒雑器」条に見える酒造具

　このほか『延喜式』には造酒司造酒雑器条にさまざまな酒造具が見える。それを以下に列挙し、酒造にどのように使われたか、簡単に推定する。

・中取案八脚…案は食器や食材を載せる台で、いわば作業用テーブルである。

・木臼一腰、杵二枚・箕二十枚は、木臼と杵を用い米を舂いて、箕で籾殻などを篩いで除去する。

・槽は「酒船」で、酒の醪を濾したのであろう。

・甕木蓋二百枚は甕の口にする木蓋で、米を蒸す際や貯蔵の際に使用したのであろう。

・甑 三口は米を蒸す容器で、「橲」とあるところから木製であろう。

・水樽十口・水麻笥二十口は水を入れる樽と水桶で、小麻笥は小さい水桶で洗米などに使用したものであろうか。

・筌百口は竹で編んだ籠、瓠十口は水を汲み出す道具である。

・篩料絹・薄絹絹製の篩、曝布は濾過に使用したのであろう

か。

・麻笥盤・択盤は、米の中の雑物を取る。

・甅は須恵器甕で、由加は大型の須恵器甕である。貯蔵や酒造に用いたものであろうか。

・韓竈は移動式の竈で、甑を用いて米を蒸す。

・坩は土製の鍋で、使用目的は不明であるが、酒を温めるのにでも用いたのであろうか。

・糟垂袋は醪を搾る袋と思われる。

・明櫃は食器や食材などの収納具で、その他では縄・糸などが見える。

　以上の酒造具を見ると、まず原料の米を木臼と杵で舂いて精米し、箕で籾殻などを選別して、その後韓竈で甑を使用して米を蒸し、樽や麻笥を使って水を汲み、木の蓋をして甕の中で醪を造り醸造したものと思われる。そして最終的には酒船で酒袋に入れて絞って清酒としていたのではなかろうか。このほか『延喜式』践祚大嘗祭条にも酒造具が見える。このように『延喜式』に記された酒造法から酒造具などが判明するので、ある程度古代の酒造のあり方を推測することができる。

3　古代酒再現への挑戦

須恵器大甕の痕跡

　西大寺食堂院井戸跡 SE950 から出土した大甕の内面には、喫水線のような輪郭状の痕跡が見られた。報告によれば、復元した

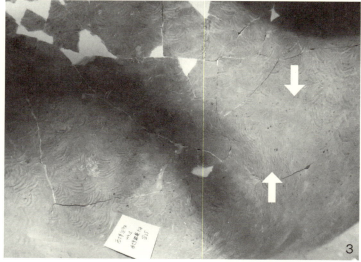

写真3　西大寺食堂院井戸跡SE950から出土した大甕と内面痕跡（1：奈良文化財研究所提供／2、3：筆者撮影）

甕は口径32.8 cm、頸部径30.4 cm、胴部最大径64.4 cm、器高64.4 cm で、頸部までの容量が約111リットルであり、換算すると約1石3斗である。甕の内面には水平を指向する直線的な痕跡がリング状に確認でき、この痕跡は甕の使用段階で形成され、水平を指向している点から液体の喫水線である可能性が高いという（小田ほか2021）。先述したように古代の酒造りでは容器に甕を用いていた。西大寺食堂院跡出土木簡では酒に関する木簡が見えるから、ここで酒造が行われていたという可能性も否定できない。今回の甕酒造りプロジェクトもその方向で試みている。

奈良県油長酒造で古代酒再現

詳細については庄田、山本・山ノ内による論考に譲るが、今回の実験で再現した須恵器甕を使用したのは、古代の酒造に少しでも近づけようという意図がある。

また白米（秋津穂）と赤米（種子島産「たまより姫」）を使用し、赤米での醸造を試みたのも、先述したように平城宮では造酒司近辺から赤米木簡が出土し、酒造に使用された可能性が高いからである。再現実験での仕込み配合は長屋王家木簡の配合比率を用い、古代の酒の再現を目指した。醸造の詳細や白米酒と赤米酒の味覚比較については、山本・山ノ内、西念による論考を参照してほしい。今後は『延喜式』造酒司条に見える御酒・御井酒などの再現にも挑戦したい。

参考文献

上田誠之助 2020『日本酒の起源』新版、八坂書房

小川正巳・猪谷富雄 2008『赤米の博物誌』大学教育出版

Ⅲ　古代の甕酒造りのレシピ　*79*

小田裕樹・三舟隆之・山口欧志・金田明大 2021「西大寺食堂院出土須恵器甕と内面の痕跡―第 404 次」『奈良文化財研究所紀要 2021』

加藤百一 1987『日本の酒 5000 年』技報堂出版

加藤百一 2005「万葉の古代と酒（6）」『日本醸造協会誌』100(7)：497-510 頁

坂口謹一郎 1975「麹から見た中国の酒と日本の酒」『日本醸造協会雑誌』75(10)：772-776 頁

坂口謹一郎監修、加藤辨三郎編 1977『日本の酒の歴史』研成社

『上毛新聞』昭和 20 年 5 月 23 日記事

高橋まゆ・大植はる華・佐藤瑞希・橋爪克己 2018「延喜式の酒をつくる」『秋田県立大学学生自主研究研究成果　平成 29 年度』

玉田芳英 2002「平城宮の酒造り」『文化財論叢Ⅲ』奈良文化財研究所

東野治之 1996「木簡が語る古代の文化・生活」平野邦雄・鈴木靖民編『木簡が語る古代史』上、吉川弘文館

堀江修二 2014『日本酒の来た道』新装版、今井出版

松本武一郎 1981「『延喜式』の酒―「醴」の考証―」『日本醸造協会雑誌』76(7)：460-465 頁

吉田元 2015『酒　ものと人間の文化史 172』法政大学出版局

《図録》

奈良県立橿原考古学研究所附属博物館 2013『美酒発掘』平成 25 年度秋季特別展

奈良県立万葉文化館 2021『うま酒の国　大和』開館 20 周年記念特別展

●column●

百年の時を超えてなおも続く
甕仕込みの焼酎

庄田慎矢

甕仕込み焼酎の特性を探る

甕、すなわち焼き物の容器による発酵や熟成が、味や香りなどの酒質に何らかの良い影響を与えていることは、広く想定されているところである。一般的には、地中に甕を埋めることによる保温性、甕の丸い胴の形による対流性、そして蔵付き酵母ならぬ甕付き酵母の存在、などが語られている。しかし具体的に、焼き物の持つどのような特性が、中身の液体の何にどのような影響を及ぼすのかについては、なお未知の事柄が多い。現代の酒造りにおいて、甕仕込みは日本酒ではそれほどポピュラーな方法ではないが、焼酎造りに甕を利用している事例はかなり多い。

そこで、甕仕込みによる酒質の特徴は何なのか、そのヒントを探るため、2024年7月に、鹿児島県枕崎市に所在する薩摩酒造花渡川蒸溜所を訪ねた。同所は「さつま白波」や「神の河」などで知られる酒造メーカーであるが、「明治の正中」や「蕃薯考」

のように、過去の文献に基づいて再現した焼酎も販売している点にはいっそう興味を惹かれる。この蔵では、かつて佐賀県武雄市の嬉瀬窯で焼成し、現地で使用していた甕を鹿児島まで運搬し、その後百年以上使用を続けて焼酎を製造しているというから、これ以上目的にかなった調査対象地はないであろう。同蒸溜所は明治蔵と名付けられた、文字通り明治時代から続く蔵を展示する施設を備えており、同館館長の寿原和弘氏と、薩摩酒造マーケティング本部研究開発室の陳やくしゅう係長から、蒸溜所で行われている甕仕込みの焼酎造りについて、詳しい説明を聞くことができた。本コラムはその際の視察・聞き取り内容を基としているが、何らかの間違いがあればすべて筆者の責任である。

明治蔵での甕仕込みの様子

さて、ここでは焼き物の甕は仕込みおよび貯蔵・熟成の両方に用いられている。貯蔵・熟成には甕のほかにもステンレス、ホーロー、木などさまざまな素材・容量の容器を用いるが、甕もかなりの割合で使用している。金属製容器としては、昔はホーローをよく用いたが、最近は手入れのしやすいステンレスが好まれているという。ステンレスとホーローのタンクの間では焼酎の品質には大差がないが、木を用いた場合は当然、木の香りがつくことになる。一方、焼き物の甕については、味と香りは確かに金属や木で貯蔵したものとは違い、「まろやかさを感じる」「後口のピリつき、苦味や渋みが改善される」という特徴がある。なお、商品の説明には、「優雅な香りとコク（明治蔵原酒）」「芳醇な香りとまろ

写真1 「明治蔵」仕込み場にズラリと並ぶ 99 の三石甕

やかさ（黒白波明治蔵）」などの語句が用いられている。

　現在、蔵では 99 本の三石甕（容量 500〜600 リットル）が仕込み場に並べられ、コンクリートで埋められており、その姿はまさに壮観である（写真 1）。嵌め殺し状態になっているため、洗浄は各所に配された水道管から導水した水で行い、ポンプで汲み出す。毎年 9〜12 月にこれらのうちの一部の甕を用いて仕込みが行われる。仕込みの方式は「鹿児島式二次仕込法」と呼ばれ、大正以降にそれまでの「清酒式二段仕込法」に代わり採用された方式である。すなわち、麹蓋を用いた自然通風による麹造り（2日）を行い、これに水・酵母を加えた一次醪を甕の中で醸造（6日間）した後、別の甕に分け、さらにさつまいもと水を足して二次醪を醸す（10 日間）。二次仕込みが完了したものを木樽蒸溜器、あるいはステンレス蒸溜器を用いて蒸溜し、別の場所に設置された甕で寝かせて熟成させる（写真 2）。以上、約 18 日間で焼酎の原酒が完成する。原酒の熟成期間は最短で 3 か月程度。その後、頃合いが良いと判断されたものを汲み出し、濾過、瓶詰めすると、出荷できる焼酎となる。

　仕込み場の甕はかつて、コンクリートではなく土に埋められていたため、洪水時などには甕が動いて大変であったとのことである。現役の従業員からの聞き取りでは、少なくとも現在から 30 年前までさかのぼっても、廃棄された甕は一つもないというから、驚きである。甕を補修する専門の業者が毎年点検にきて、必要な部分について適宜修繕しているという。仕込み場の甕を観察

写真2 「明治蔵」の重厚な石造の部屋に設けられた熟成庫

すると、確かにところどころに補修の痕跡が見られた(写真3)。
　また、甕の内面を見ると、釉薬が均一ではない様子が目につく(写真4)。藁灰のようなものを用いて施釉したのかもしれないというが、百年以上前に製作された甕であるため、定かではない。そして注目すべきことに、仕込み場や熟成場で実見した多くの甕の内面に、白色の付着物が顕著に観察された(写真5)。火山灰由来の土壌から染み出したシリカの多い地下水の影響によるもの

写真3 甕の口縁部から胴上部にかけての補修痕跡(手前および奥)

写真4 不均一な釉薬のつき方

写真5　甕の内部に観察された白色付着物

かもしれないが、濾過する前の有機物の残渣である可能性もあろう。本書の「Ⅰ　酒の考古学と甕酒造り」で触れたように、このような付着物に、醸造の際の微生物叢に関連する有機物が残存している希望はある。今後、考古生化学的な方法を駆使して調査していきたい。

IV 甕酒造りの実践

山本長兵衛・山ノ内紀斗

1 奈良酒、僧坊酒と甕仕込み

清酒の始まりと僧坊酒

　現在の日本人が当たり前のように楽しんでいる澄み切った清酒（セイシュ、スミサケ）。

　清酒（スミサケ）という言葉は、奈良時代、平城京内にあった当時の国立の醸造所、造酒司（さけのつかさ・みきのつかさ）の周囲の溝の遺構で見つかった木簡の中に記され、高貴な方々が醪の上澄みを得て、その澄んだ上質な味わいの酒を楽しんでいたことがうかがい知れる。このような朝廷の酒造りの流れを汲んだ、寺院の酒造りが中世後期（室町・戦国時代）に活発になり、酒造りの技術革新が進んでいった。このように寺院で造られた酒を、「僧坊酒」と呼ぶ。

奈 良 酒

奈良酒とは、中世の室町時代以降、奈良で造られる酒を総称する言葉である。

奈良酒が天下の名酒であったことは、『看聞御記』（伏見宮貞成親王〈後崇光院、1372-1456〉の日記）の記載からもうかがわれる。永享8年（1436）4月17日の条に、「奈良撰（樽）六。塗撰（樽）。殊勝也」とあり、また、『蔭涼軒日録』（京都相国寺鹿苑院内の蔭涼軒主の記した公用日記）の文明17年（1485）7月8日の条に、将軍足利義尚の言葉として「自興福寺進上之酒尤可也」とあることからも察知できる。この時代の奈良酒の生産の中心的な役割を担った寺院では、当時の技術の粋を結集させ、時の将軍や貴族の舌を唸らせる僧坊酒を醸した。

このような、寺院における酒造りの中で発達した清酒醸造法こそが、清酒造りの産業化を担い、清酒を一般民衆の酒に押し上げた立役者なのである。それではなぜ、この時代寺院で僧坊酒造りが行われ、そしてどのような技術革新が進んだのであろうか。

大寺院の僧坊酒造り

室町・戦国時代は、応仁の乱以降、国が乱れて各地に戦国大名が勃興し、それぞれが独立国家のようになっていたため、幕府や朝廷には十分なお金が集まっていなかった時代だと考えられている。多くの貴族は荘園の経営がうまくいかず、逼塞していた時代である。奈良時代や平安時代に、朝廷や藤原氏のような有力貴族によって、学問の集積地、現代の国立大学のような役割を担うべく建立された、興福寺や菩提山正暦寺などの大寺院であって

Ⅳ　甕酒造りの実践　　*89*

も、置かれた環境は同様であった。そのため、朝廷や幕府からの財源に頼ることができない状態で、従来の寺領荘園を経営し、上納米、現物による課役、末寺などの存在を活用することで寺院経営を行っていたが、これと同時に寺院経営のための財源調達の手段の一つとして、酒造りも行われていた。公の財源を当てにできない国立の大寺院は、それまでと変わらない寺院の活動を維持するために、収入を確保する必要性があったのである。

僧坊酒造りの中で生まれた五つの技術革新

　中世における僧坊酒のあり方を現代に伝える二つの書物がある。正平10年（南朝・1355）もしくは長享元年（1487）に書かれたと言われている『御酒之日記』と、文明10年（1478）から元和4年（1618）にかけて興福寺多聞院の英俊らによって書き綴られた『多聞院日記』である。これらの文献に描かれた五つの技術革新について、それぞれを具体的に紹介する。

　①精米（白米の使用による酒質の向上／『御酒之日記』『多聞院日記』）
　②上槽（酒質の安定化、流通性の向上／『多聞院日記』）
　③火入れ（酒質の安定化、流通性の向上／『多聞院日記』）
　④酒母（生産性向上／『多聞院日記』）
　⑤段仕込み（生産性向上／『多聞院日記』）

①精　米

　まず、僧坊酒を造る際に白米を用いたことがあげられる（『御酒之日記』菩提泉の記述より）。現在では、私たちは当たり前のよ

うに、酒造りをする際に米を精米するが、室町以前の民衆の酒造りでは玄米を中心に使っていた。寺院での酒造りが盛んになった室町時代には、白米も用いはじめるようになった。

酒造りには、麴米と掛米の２種類の米が必要である。蒸した米に麴菌の種をふりかけて麴菌を蒸米に繁殖させたものを、「米麴」という。これに用いるのが「麴米」である。一方、醪の中に、蒸した米を麴にせずにそのまま原料として加えるのが、「掛米」である。上質な酒は「麴米」と「掛米」もともに白米を用いたゆえに、「諸（両）白」と呼ばれていた。

『多聞院日記』永禄12年（1569）6月4日条の記述によると、3斗の玄米を白米2斗4升に精米した記述がある。

これを精米歩合に換算すると80％であり、精米後の量は精米前の80％程度になっていると考えられる。しかし実際には、割れた米や十分に精米されていない米も多く、糠分の多い白米を用いて酒造りをしていたことがうかがえる。

②上　槽

濁った酒（どぶろく）と澄んだ酒（清酒）が大きく違うのは、「上槽」という「搾る」プロセスがあることである。布袋に醪を入れて、それを畳んで圧をかけて布から染み出てきた酒が「清酒」であり、木綿の布袋の中に残ったものが「酒粕」である。上槽することで、米の組織や酒の発酵を担う酵母が酒粕のほうに残る。染み出てきた酒の発酵は、これでだいたい止めることができる。僧坊酒造りでは、搾らないどぶろくとは味わいも品質の安定性もまったく異なる清酒が造られ、一般民衆の酒になるきっかけ

となった。

　『多聞院日記』に、「上槽」の工程が登場する。「酒槽」「酒袋」という言葉が出てくるのである。永禄 11 年（1568）に「般若妙光より酒袋九枚借りる」「酒揚げ上々に出来」「酒袋取置洗」などという記述があり、この頃には醪を酒袋に入れ、それを酒槽の中に並べ、圧力を加えることで清酒と酒粕に分離させていたことがわかる。

③火入れ

　上槽されて澄んだ酒は、加熱をすることによりいっそう安定性を得ることができる。火入れ（加熱）をして酵素の働きを止めるのである。酵素というのは麹がつくりだすタンパク質で、米に含まれるデンプンを溶かして糖分に変えることができる。火入れ前の酒にはこれがまだ働く状態で残っているため、時間とともに味が変化していく。この働きを火入れによって止めることで、美味しさをキープできるのだ。品質の安定性がより高くなったといえる。また、このように火入れして仕上げられた酒は、樽に入れて遠方まで流通させることが可能になり、商圏が飛躍的に拡大していったものと考えられる。

　『多聞院日記』の永禄 11 年 6 月 23 日に「第一度　酒ニサセ樽へ入了」とある。火入れ後に樽に酒を入れていたことがわかる。

④酒　　母

　「酒の母」と書く。これは、酒造りをするうえで必要な酵母を育てる行程である。酵母はパンを作る時にも必要な微生物であるが、酒のアルコールをつくる際にも必要な微生物である。その酵

母を育てるために、蒸した米に麴、水を加えて、それらを混ぜたところに酵母を入れ、まず小規模な酒造りを小さな容器で行い、元気な酵母をたくさん生産するというのが酒母造りである。これを発酵のスターターとし、その酒母の上に何日かに分けてさらに米、米麴を投入していくのだ。これも現代の酒造りでは当たり前の、重要なプロセスである。

　酒母造りは甕や壺のような小さな器で酒を造るときには必須の技術というわけではなかったはず（酒造りの季節によっては小さな器でも酒母を造っていた記述もある）だが、生産性の向上のため醸造容器が甕から木桶に移行し大型化するにつれ、安全に醸造するために必ず行われるようになった技術と考えられる。

⑤段仕込み

　現代の酒造りでは、初めに酒母を造り、それに原料である蒸米、米麴、水を加えて、混ぜて、時間をおいてプツプツと発酵が進んできたところにまた蒸米、米麴、水を加える。そしてまた次の日に蒸米、米麴、水を加えるという、「初添」「仲添」「留添」の３回に分けて原料を投入し、発酵を進める三段仕込み法（三段掛法）が一般的である。

　現代の三段仕込み法に近い記述の初見は『多聞院日記』の永禄11年（1568）の正月の酒の記述で、初段（初添）、第二段（仲添）、第三段（留添）の３回に分けて原料を仕込んでいた記述がある。僧坊酒造りでは、このように３回に分けて発酵の様子を確認しながら、原料を酒母の上に足していくことで醪の容量を拡大させ、生産性を向上させていたことがわかる。

Ⅳ　甕酒造りの実践　　93

以上のように、室町時代、奈良の大寺院における僧坊酒造りの中で、酒造りの技術は飛躍的に向上していった。白米を使って仕込み、醪を搾って酒粕と清酒に分離し発酵を止め、さらに火入れ（加熱）をして酵素を失活させることで安定性を向上させた。そして、室町時代末期には醸造容器も甕ではなく木桶を用いることで生産性を高めた。

　これらの「精米」「上槽」「火入れ」「酒母」「段仕込み」は、それぞれ誰がいつ発明したかについては誰も言及していない。しかし室町時代の『御酒之日記』や『多聞院日記』にこれらの醸造技術が描かれているので、当時の酒造りに携わっていた職人は美味しい酒造りを志す中で試行錯誤を繰り返しこれらの技術を確立していっただろうということは推測できる。奈良が「日本清酒発祥の地」といえる理由は、奈良で現代の清酒醸造技術の基礎が誕生し、各地へ伝わり、さらに各地で進化し広がっていったということが、これらの文献により明らかであることによる。

容器の変遷

①さまざまな酒造り容器

　現代の酒造りでは、発酵容器には主にタンクを使用している。タンクはステンレスや琺瑯（ホーロー）でできている。衛生的な環境で行うべき日本酒の醸造現場では、戦後に、洗浄性が高く、メンテナンスしやすいタンクへと移行した。

　発酵容器の変遷について考えてみると、日本酒の歴史の中で、甕→木桶→タンクというように推移してきた。古代の酒造りにおいては、造酒司で甕が発掘され、発酵容器として須恵器の甕を使

用していたと考えられている。そして僧坊酒が活発に造られ始めた室町時代、初期の頃は3石程度（約300リットル）の大きな甕を用いていた。世界中のどこの文明も、早い段階で土器が作られてきた。土器は焼く前に土を成形し、乾燥させ焼成する。室町・戦国時代の当時、できあがった甕は最大でも3石程度と考えられている。当時の技術では、それ以上に大きな甕を作るのは難しかったのであろう。

　私どもの酒蔵でも昔の酒甕を所蔵しており、そこにも「三石」と書いている。この大きさが必然的に酒造りの最大の製造単位（ロット）になっていたのではないかと考えられる。また、この時代に壺や甕が利用されていたのは、1軒の酒蔵や寺院が担う酒の市場規模が小さく、生産量がそれで間に合っていたということでもある。

②甕から木桶へ

　僧坊酒の技術革新の過程で、日本酒は火入れをして樽に詰められ、保存性・流通性ともに高い酒に進化していった。火入れされた酒は一度にたくさん製造しても保存が効くため、生産性向上の時代へと向かった。そこで活躍し始めるのが木桶である。中世日本の木工技術は、大陸からもたらされた木材加工の道具である大鋸や大鉋によって大幅に進化し、それにより酒桶を作ること、さらにはその大型化、酒樽の大量生産が可能になったと考えられている。そのため、僧坊酒の酒造りの容器は甕、木桶が混在する時代になっていたと考えられる。

③文献に見える甕仕込みや木桶仕込み

　『御酒之日記』の中には、「柳酒」と呼ばれる酒、そして大阪の天野山金剛寺で造られる「天野酒」、日本清酒発祥の地と言われる奈良の菩提山正暦寺で造られる「菩提泉」などの僧坊酒について、その製法が詳しく書かれているが、天野山金剛寺の僧坊酒「天野酒」では甕が使用され、当時の酒造りに用いられたとする甕が現存している。また、菩提山正暦寺の僧坊酒「菩提泉」については、桶の使用も示唆され、甕から木桶への酒造りの容器の変遷がうかがえる。

　この菩提山正暦寺で醸された「菩提泉」は興福寺大乗院の有力な財源となっていたとも考えられており、『経覚私要鈔』という書の嘉吉4年（1444）の正月20日の条には、「正暦寺壺銭」として記述されている。これは、正暦寺で造られた酒に対して、興福寺に収める必要のあった税金のことを示している。壺や甕の個数やできた酒に応じて税金を課したのである。この「壺銭」という言葉からも、正暦寺では壺や甕も酒造りに用いていたことがわかる。

　興福寺の『多聞院日記』を見ると、永禄12年（1569）の記述による僧坊酒のレシピでは、米は2石未満、水を加えた総量でも3石未満で、従来通り甕を使用していたことがうかがえる。しかしその30年後の慶長4年（1599）には、その物量は10倍以上にもなっていることから、木桶を用いていたことが推測される。

　『多聞院日記』天正10年（1582）正月3日の条では、「奈良町中のタカマ布屋の若尼が10石ある酒の桶に落ちて死んだ」と書

写真1 酒造り（天野酒）に
　　　用いられていたとされる甕
　　　（天野山金剛寺所蔵）

写真2 三石入と刻まれた甕
　　　（油長酒造所蔵）

Ⅳ　甕酒造りの実践　　97

写真3 木桶（油長酒造所蔵）

かれている。大型の木桶をこの時代の酒造りに用いていたことが明らかな記述である。

④日本で唯一の甕仕込み専用酒蔵

　油長(ゆうちょう)酒造株式会社（油長酒造）では、令和3年（2021）、享保蔵(きょうほうぐら)という1700年代建造の酒蔵をリノベーションし、甕仕込み専用として始動させた。「水端(みづはな)」というブランドで、現代の日本酒の礎ともいえる室町時代の寺院醸造（僧坊酒）や、それ以前に用いられた「古典的」な技術を再現し、これらの技術を私たち現代の醸造家が身につけ、それをこれからの酒造りに応用していくという事業を開始している。これにより、奈良の日本酒の歴史を技術的側面から明らかにし、失われゆく技術を伝承し、これからの奈良酒の発展に生かしていきたいと考えている。

　また、この事業をきっかけに令和3年8月、油長酒造は、独立行政法人国立文化財機構奈良文化財研究所（奈文研）と文化財の保護と普及啓発に関する協定書を締結した。これは、私たち油長酒造が、現代の醸造家の視点や技術を応用して酒造りを行いながらも、奈文研が有する、平城宮跡出土遺物やその研究成果など古代の酒造に関連したさまざまな歴史的コンテンツを生かす共同事

業を実施しながら、古代の技法に触れ、酒造をキーワードとして
文化財に関する知識や関心の普及啓発を促進しようとするもので
ある。今後の事業展開にも、引き続きご注目願いたい。

2 酒造りの記録

今回、遺跡出土の須恵器甕を再現して製作・焼成された須恵器
甕（本書第Ⅱ章を参照のこと）を用いて、長屋王邸宅跡出土の木簡
に記述されているレシピ（本書第Ⅲ章を参照のこと）を参考に、それ
ぞれ夏と冬に醸造を行った。以下はその醸造作業の記録である。

醸造は室温が外気温に左右される享保蔵において冬と夏の2回
行い、どのような違いが現れるかに注目した。

冬 の 醸 造

令和3年（2021）12月7日に開始し、同年12月23日に終了し
た。その際の経過簿を写真4に示す。細かな条件や材料は、以下
の通りである。まず、仕込み容器は第Ⅱ章で紹介した復元須恵器
甕である。原料米には奈良県産秋津穂（飯米）を用い、精米歩合
は80％である。醸造にあたっては、長屋王邸宅跡出土の木簡
（次頁）を参考とした。

仕込み配合については、総米6kg・掛米4kg・麹米2kg・留
水4リットルとし、麹歩合は33％、汲水歩合は66％である。醸
造中の追水は2.6リットルであり、最終の水歩合は110％であ
る。仕込み温度は24.4℃、平均醪品温は15.4℃、平均外気温は
10.7℃であった。醪日数は17日。

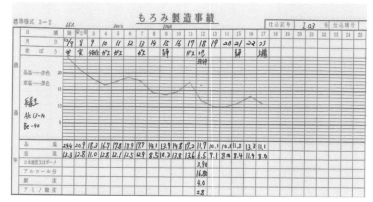

写真4　冬の醸造の経過簿

写真5　甑による蒸米の様子

100

洗米作業については、以下の通りである。油長酒造敷地内に湧き出る葛城山系深層地下水を常温で洗米水として使用し、20分間洗米、浸漬時間は掛米、麴米ともに6時間であった。

　続く蒸米作業では、掛米、麴米ともに蒸し時間を50分とした。甑による蒸米の様子を写真5に示した。

　製麴（麴を造る）方法は箱麴法とし、モヤシに樋口松之助商店のHi-Gを使用した。享保蔵の麴室（写真6）で行った製麴時間は49時間である。

　発酵の初期段階の醪の様子を、写真7に示した。発酵終了後に行った分析による測定値は、アルコール16.8％、日本酒度−39、酸度4.0、アミノ酸度2.8であった。

　この回は、冬の寒い時期での醸造となった。そのため、仕込み

写真6　油長酒造享保蔵の麴室

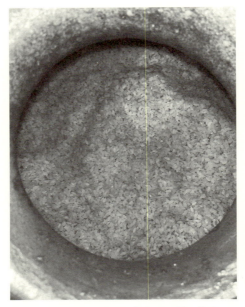

写真7　冬の醸造の発酵初期段階の醪の様子

直後の醪の品温の低下の恐れがあるため、仕込み後に須恵器甕全体に毛布を巻き、保温を行った。

　また寒い時期では、糖化があまり促進されないため、製麹時間を通常より少し長くすることで、糖化力の高い麹を造った。そのため仕込み後3日目には糖化も進み、醪が液状化されフツフツと発酵が行われている状貌（見た目）になった。そのタイミングで毛布を外し外気温による冷却をはかった。その結果、品温が上がりすぎることもなく発酵と糖化のバランスが取れた状態で酒造りを進めることができた。発酵が進む醪の様子を写真8に示してい

写真8　冬の醸造の発酵が進んだ段階の醪の様子

る。

夏 の 醸 造

　令和4年（2022）8月31日に開始し、同年9月13日に終了した。その際の経過簿を写真9に示す。細かな条件や材料は、以下の通りである。仕込み容器には冬の醸造と同一の復元須恵器甕を使用し、原料米には奈良県産秋津穂（飯米）を精米歩合90％で用いた。醸造にあたっては、やはり長屋王邸宅跡出土の木簡（次頁）を参考とした。

　仕込み配合については、前回同様に総米6kg・掛米4kg・麴

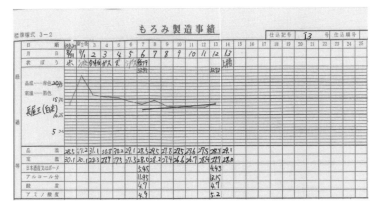

写真9　夏の醸造の経過簿

米2kg・留水4リットルとし、麴歩合は33%、汲水歩合は66%である。醸造中の追水は4.8リットルであり、最終の水歩合は146%である。仕込み温度は28.5℃、平均醪品温は29.5℃、平均外気温は28.0℃であった。醪日数は14日。

洗米作業については前回と同様、油長酒造敷地内に湧き出る葛城山系深層地下水を利用し、20分間洗米の後、浸漬時間は掛米、麴米ともに8時間とした。

続く蒸米作業では、蒸し時間を掛米、麴米ともに50分とした。製麴方法は箱麴法、モヤシに樋口松之助商店のHi-Gを用いるのは冬の醸造と同様である。製麴時間は48時間。

発酵の初期段階の醪の様子を、写真10に示した。発酵終了後に行った分析による測定値は、アルコール13.15%、日本酒度−44.3、酸度4.7、アミノ酸度5.2であった。

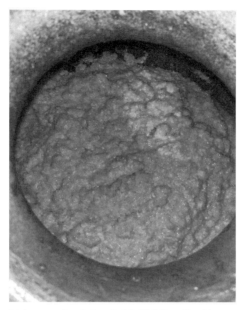

写真10　夏の醸造の発酵初期段階の醪の様子

　今回の仕込みでは、精米歩合90%の白米を使用し、より玄米に近い条件での醸造となった。そのため、令和3年12月に行った醸造と比較し、浸漬時間を長くとることで、しっかりと米に水を吸わせ、溶解性を上げることを意識した作業を行った。

　仕込み温度を28.5℃と高くすることで、溶解性の悪い米でも、仕込み後2日目には液状化された状貌となった（写真11）。

　外気温の影響から醪の平均品温は約29.5℃と高く、その結果、糖化と発酵のバランスでは糖化が優勢となった。そのため、醪が濃糖条件下となり、酵母の発酵が抑えられ、バランスをとる

写真 11　夏の醸造の発酵が進んだ段階の醪の様子

ための追水を多く投入した。

　しかし、濃糖条件の影響から、醪末期での発酵力の低下が著しく、醪日数は令和3年12月の醸造と比較して短くなった。

　このことから、奈良時代の酒造りにおいても、夏の醸造は冬に比べて短期間であることが考えられる。

3　須恵器による酒醸造の特色

　須恵器甕（写真12）を用いた醸造と、ステンレスタンクを用い

写真12　寒風窯で製作された実験用の甕

た醸造とを比べることで、須恵器による酒醸造の特色を考えてみたい。

　須恵器甕の特徴としては、①形状が卵型であり対流性が高い、②土からできた容器である、③熱伝導性が低い、④容器内壁に無数の凹凸あり、などの特徴があげられる。一方、ステンレスタンク（写真13）の特徴としては、①形状が円柱型であり、②熱伝導性が高く、かつ③洗浄性が高いことがあげられる。実際に、須恵器甕を用いた醸造とほぼ同時期に、ステンレスタンクを用いた醸造も行った。以下はステンレスタンクの醸造の詳細である。

ステンレスタンクでの醸造

　令和4年（2022）1月27日に開始し、同年2月16日に終了した。その際の経過簿を写真14に示す。細かな条件や材料は、以

写真13 醸造用ステンレスタンク

下の通りである。仕込み容器は上述の通りステンレスタンクで、原料米は奈良県産酒造好適米を70%精米で使用した。

仕込み配合は総米100 kg・掛米80 kg・麹米20 kg・留水120リットルとし、麹歩合は20%、汲水歩合120%である。追水を37リットル使用したので、トータル水歩合は157%となった。仕込み温度は10.5℃、平均醪品温は9.8℃、平均外気温は6.2℃、醪日数は20日である。

洗米作業には油長酒造敷地内に湧き出る葛城山系深層地下水の

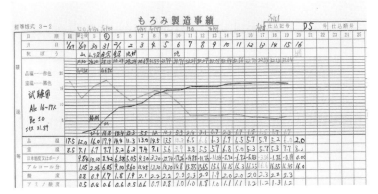

写真14 ステンレスタンクによる発酵の経過簿

冷却水を使用し、洗米時間は1分、浸漬時間は掛米、麴米ともに8分であった。蒸米作業は蒸し時間を掛米、麴米ともに50分かけて行った。製麴方法は箱麴法、モヤシは樋口松之助商店のHi-Gを用いた。製麴時間は48時間である。

発酵終了後分析値は、アルコール16.9%、日本酒度+2.3、酸度2.1、アミノ酸度1.2と、甕仕込みの酒とは明確な違いが見られた。

ステンレスタンクを用いた醸造では、原料米が酒造好適米であり、80〜90%精米の秋津穂米に比べ吸水が早いことから、洗米水・浸漬水ともに冷却水を使用した。仕込み配合に関しても、現代の基本的な仕込み配合に合わせた醸造を行った。

考　　察

実際に須恵器甕とステンレスタンクで比較すると、須恵器甕の状貌の進みがステンレスタンクに比べ早いことがわかった。須恵

IV　甕酒造りの実践　　109

器甕は卵型の形状から、対流性がステンレスタンクに比べてとても高い。このことから、発酵の立ち上がりが重要になってくる醪の初期段階でもしっかりと発酵が進んだ。

　また、容器の素材からの影響もあると考えられる。須恵器甕は土からできた容器であり、釉薬（ゆうやく）がかかっていない内壁が醪に直接触れている。そこから醪にミネラルが流出し、酵母の栄養源となり、発酵を進める影響を与えている可能性が考えられる。その結果、発酵の立ち上がりが遅れやすい冬の寒い時期や、酵母の増殖が少ない醪の初期段階でも、発酵を促していると考えられる。

　また、外気温からの影響にも違いがあると考えられる。ステンレスタンクは熱伝導性が高く、外気温の影響を受けやすい。したがって冬の寒い時期では、断熱材等で保温をしなければ品温の維持が難しい。一方で、須恵器甕の場合は外気温が低くなった場合でも品温の維持が可能であり、発酵を促す要因の一つだと考えられる。

　しかし、須恵器甕にも難点がある。それは、須恵器甕の内壁には無数の凹凸があり、洗浄性がステンレスタンクに比べ低いことである。その結果、容器からの酒質に及ぼす影響も須恵器甕のほうが多いことが予想される。何度も醸造を行うことによって、容器の内側には独自の微生物叢（そう）が形成され、清酒酵母以外の野生酵母の出現の可能性や、酒に容器由来の香りがつく可能性が考えられる。

　甕の内側に残った微かな微生物叢からの影響を防ぐためには、しっかりとした洗浄や、時には熱湯での殺菌作業も必要であろ

う。しかし、醪の初期段階で培養した酵母を添加する現代の酒造りではなく、天然の酵母を使用する当時の酒造りでは、同じ場所で同じ容器や道具を使うことで、その空間や道具に形成された微生物叢での酒造りを行いやすかったのではないか。

結　論

須恵器甕では、発酵に関して前向きに作用する点が多いことがわかった。温度管理が難しい状況でも保温性に優れ、冷え込みを防止することができる。また、酵母の選定も行われておらず、不安定になりやすい醪の初期段階でも、卵型の形状を活かした対流性と、容器の内壁からのミネラルの流出によって発酵を促していくことができるものと考える。よって、須恵器甕は、当時安全に醸造を行うのに適した容器であっただろう。

また、何度も使い続けることによって、須恵器甕一つ一つに個性が生まれ、使用する甕による味わいの違いなども、この当時の酒造りの魅力の一つであったろう。そのように感じることができる、魅力的な酒造り体験であった。

参考文献
加藤百一 1987『日本の酒 5000 年』技報堂出版
加藤百一 1989『酒は諸白—日本酒を生んだ技術と文化—』平凡社
鎌谷親善 2001「創製期の南都諸白」『酒史研究』17: 31-67 頁
鎌谷親善・加藤百一 1995「「御酒之日記」—その解説と翻刻—」『酒史研究』13: 35-76 頁
吉田元 2015『酒　ものと人間の文化史 172』法政大学出版局

●column●
味覚センサーによる酒の味認識

西念幸江

味を数値化する

奈良時代の酒を再現する試み『長屋王の酒を醸す～甕酒醸造の学際的プロジェクト』で油長酒造の協力のもと酒ができあがり、その味はどのようなものなのか、プロジェクト参加者が試飲をして評価した。「飲みやすい」「思ったより甘くない」「香りがいい」などのコメントがあった。このような主観的評価だけではなく、味を客観的なデータで示したいと考えた。近頃、テレビや雑誌などのメディアで、食品の味を数値化しているのを見かけることがある。その数値化する一つの方法として味覚センサーがある。これは、食品、飲料、酒類などさまざまな分野の研究、商品開発、品質保証、マーケティングなどで活用されている。

食べ物の味を構成しているのは、基本味とその他の味である。基本味は「甘味」「塩味」「酸味」「苦味」「うま味」の五つである。食べ物が口の中で咀嚼されて味物質が唾液と混ざり合うと、舌や口腔粘膜にある味蕾の味細胞にある受容体に結合する。ここ

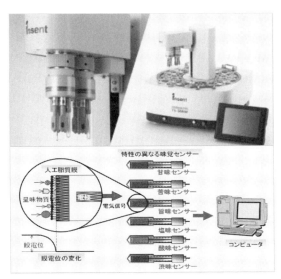

図1 味認識装置（味覚センサー）TS5000Z（株式会社インテリジェントセンサーテクノロジーより引用）

で化学的な刺激を受容し、電気的な信号に変換するのである。そしてこの信号が味覚神経を通して大脳皮質の味覚野に伝わり、甘味や塩味などの味として認識される。

　味覚センサーはこの人間の味認識メカニズムをモデル化した機器である。生体膜を模した人工の脂質膜を味物質の受容部に用いて、基本味＋渋味が測定できる。各味を呈する物質選択性を持たせた脂質膜に、各呈味物質が触れることで膜電位（mV）が変化し、その変化量を味の強さに換算したものが味推定値である（1.0で多くの人が違いがわかるレベル）。

また、その味も先味と後味として測定ができる。先味は味わった直後に感じる味で、後味は飲み込んだ後まで持続する味に相当する。

味覚センサーによる再現した酒の評価

　赤米を用いて再現した古代の酒の味を評価するために味覚センサーを用いた。そのほかに比較試料として、うるち米を用いて今回の再現と同じ条件で製造した試料、今回の再現にご協力いただいた油長酒造株式会社（奈良県）の純米酒、古代米でつくられた赤い酒（京都府）、活性原酒（岩手県）、市販の甘酒の５種の試料（表１）も測定した。

　味覚センサーで測定した味わいを図２に示した。また、このレーダーチャートの面積が大きいほうが、程度が強いことを表している。ＡとＢはやや似た味わいのバランスだったが、Ｂのほうが複雑さなどは強くふくよかな傾向で、赤米は比較的クリアだが後味のうま味の余韻が特徴的という傾向と考えられる。Ｄは複雑さが控えめでクリアなためボディ感・酸味・ほどよい甘味が際立った先味で、複雑な余韻が特徴であった。ＣとＥはやや共

表１　測定に供した試料

A	赤米を使用して再現した酒	油長酒造株式会社（奈良県）
B	Aと同製法でうるち米で再現した酒	油長酒造株式会社（奈良県）
C	AとBをつくった酒蔵の純米酒	油長酒造株式会社（奈良県）
D	古代米でつくられた赤い酒	M酒造（京都府）
E	活性原酒	S酒造株式会社（岩手県）
F	甘　酒	有限会社K（福島県）

図2 味わいバランス

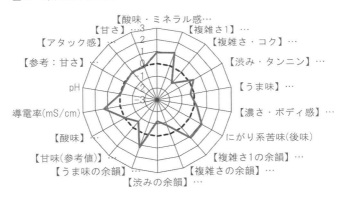

---- 平均値(6品) ── A

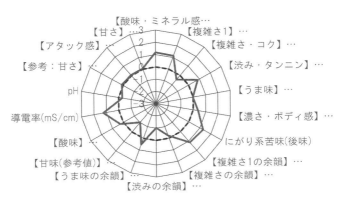

---- 平均値(6品) ── B

column 味覚センサーによる酒の味認識

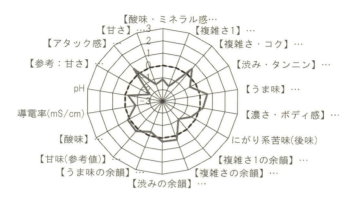

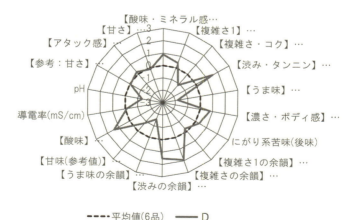

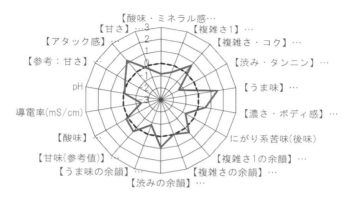

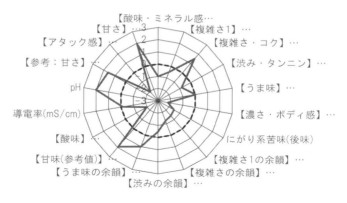

column 味覚センサーによる酒の味認識

通する部分はあるが、Eが甘さ・アルコールのアタック感をはじめ、複雑さやうま味などが強く、どっしりした感じであった。Fは甘さおよび複雑さが特徴的で、うま味の後味もしっかりしていた。

　図2では各試料の味わいを示したが、試料を比較することによって特徴を捉えるため、味ごとの分布図も示した（図3〜5）。うま味の先味と後味（図3）では、Aはうま味の後味が強く、ふくよかな余韻があり、Fの甘酒の特徴もあるように思う。苦味の先味と後味では雑味、コク、深み、味の奥行きを表す。Aは他の試料に比べても雑味が少なく、クリアなのが特徴である（図4）。糖酸バランスは甘酸っぱさを表す（図5）。Fは甘酒なので

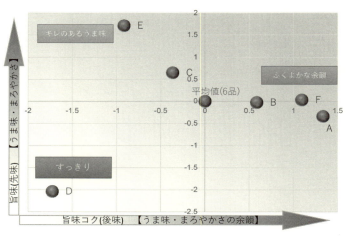

図3　味ごとの分布図（うま味）

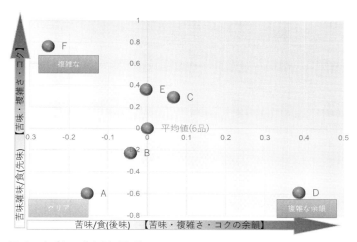

図4　味ごとの分布図（苦味）

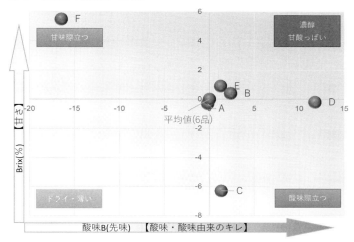

図5　味ごとの分布図（酸味・甘味）

column　味覚センサーによる酒の味認識

甘さが際立っていた。古代の酒は甘いものと予想をしていたので、甘さの比較対象として甘酒を試料に加えたが、Ａの甘さは強くなく、酸味・甘味ともにほどよいものであった。味覚センサーの苦味でも医薬品などの苦味の評価に使うセンサーを用いるとＡは先味、後味ともにとても強く測定された。これは原材料の赤米に含まれるポリフェノールが影響しているのではないかと考える。

　再現した酒を試飲した評価で「飲みやすい」「すっきりしている」「トロっとしているから甘いと思ったけど、あまり甘くない」という評価が味覚センサーの測定で裏付けられたと考える。

V 甕酒造りと微生物のはたらき

田邊公一

はじめに

奈良時代の甕酒醸造において、醪を発酵させる容器は現代のホーロータンクや陶器とは異なり、釉薬がほどこされていない須恵器が用いられていたと推測される。本章では、素焼きと釉薬処理された2種類の容器を用いて実施した清酒醸造試験について紹介し、釉薬処理されていない土器を用いた当時の発酵醸造過程について考察する。

1 清酒醸造に関わる微生物と清酒製造技術の発展

清酒醸造では、原材料である米のデンプンが麹カビによってブドウ糖（グルコース）に分解され、さらにブドウ糖が酵母によってエタノールに変換される。また、アルコール発酵の主体となる

酵母の培養期間に当たる酒母造りの初期には、乳酸菌の増殖が必要となる。乳酸菌が産生する乳酸は、雑菌の増殖を抑制するために必要であることから、醸造初期に乳酸菌が旺盛に増殖することは清酒醸造において欠かせないイベントであるといえる。上記のような複数種の微生物による発酵過程を並行して進行させる（並行複発酵）というのが、清酒醸造の特徴である。

　微生物に着目すると、麴カビについては、種麴（胞子）や米表面に増殖した菌糸を目で見ることができるため、顕微鏡による微生物の発見よりもはるかに古い時代からその存在やはたらきを認識していたと考えられる。麴カビは *Aspergillus oryzae* という名前のカビであるが、近縁種であり見た目も非常によく似た *Aspergillus flavus* というカビは、強力な毒素（カビ毒）を産生する。したがって、人類は、カビ毒を産生しない有益な麴カビを食経験によって区別し、継続的に使用し続けてきたといえる。酵母および乳酸菌については、当然ながら目視では確認できないため、醪の外観や香り、味の変化を通してその存在を感じ取っていたと考えられる。発酵を引き起こす本体（微生物）についても、このように曖昧に認識するしかない状況であったと想像される。清酒醸造に関わった先人たちは、発酵に関わる微生物および糖やエタノールなどの化学物質に関する正確な知識をもたない状態でありながら、この独特かつ複雑なアルコール醸造方法を試行錯誤の末に確立したといえる。

　明治初期に、清酒酵母 *Saccharomyces sake* YABE et KOZAI が初めて分離され（Ohya 2019）、1930 年代には酒母から複数の

乳酸菌種が分離され（恩田 2003）、清酒醸造におけるアルコール発酵、乳酸発酵をそれぞれ担う微生物の実体がようやく認識されることとなった。清酒発酵に関わる微生物が分離され、特定の株を選抜し培養可能であることが判明して以来、清酒醸造により適した酵母、麴、乳酸菌を開発することが、発酵醸造技術を進展させる原動力となっていく。また、成分分析技術の進歩によって、清酒醸造工程の役割が詳細に理解され、改良が重ねられてきた。最終的に現代では、培養した酵母と、酒母造りの際の乳酸菌の代わりに精製した乳酸を添加して清酒醸造が行われている。

　近年の科学技術の進歩によって、清酒製造は原材料の加工から用いる微生物種の選抜に至るまで細部にわたって洗練化が進み、高品質な清酒が安定して製造されるようになったといえる。しかし、温度、水、湿度のように、試験が繰り返され最適条件が確定されたようなパラメーターでさえ、組み合わせ次第では無限の試験条件が存在するため、あらゆる醸造条件は、再度見直すことによって、さらに優れた酒質の清酒が実現する可能性がある。近年、あえて清酒酵母を添加しない生酛造りを再現する、あるいはステンレスやホーローではなく、木桶を使用する酒蔵が存在する。これらの試みは、標準化された清酒醸造から脱却し、個性のある清酒を製造するためのものであり、清酒醸造をさらに洗練されたものに改良していくための試みとして評価されるべきかもしれない。

2 醪容器の変遷

　清酒醪の発酵には現在、容量5000〜10000リットルのタンクが主に用いられるが、16世紀以降には、すでに醪を大量に生産する設備が整備され、1800リットルもの巨大な木樽で清酒が製造されていたとされている。しかし、木樽を製作する技術が確立されるまで、醪発酵に用いられる容器は土器であり、容量は構造上最大でも540リットル程度であったとされている（山本2021）。このような醪発酵の容器の変遷は、単なる容量の変化だけに限らず、清酒醸造方法や完成した酒の性質にも関係したと推測される。

　土器は木材と比較して保温性に優れるため、外気温の日内変動など細かな温度変化の影響を受けにくいと考えられる。一方、発酵が進行すると発酵に伴う発熱が醪内に蓄積しやすくなるため、醪の温度は高く保たれる傾向があったと予想される。また、土器は木樽あるいは現代のステンレス、ホーロータンクと比較すると容量が小さいため、洗浄、乾燥が容易であり、衛生面において木樽よりも優位性があると考えられる。

　以上のように、醪容器としての土器の特性に鑑みると、容器の素材が発酵活性におよぼす影響は大きく、清酒醸造の仕込み工程や酒質にも影響する可能性が考えられる。

3　釉薬が酒造りにおよぼす効果《再現実験》

　油長酒造と奈良文化財研究所が進めている甕酒醸造プロジェクトでは、奈良時代の酒造りを再現するため、原材料、容器を含めて複数の発酵条件で試験的醸造を実施してきた。同じ組成の原材料を用い、醸造用酵母を添加した試験的醸造において、釉薬のかかった甕（釉薬あり）と素焼きの甕（釉薬なし）を用いて清酒醸造を実施した結果、釉薬なしで醸造した清酒のエタノール濃度は16.8%（v/v、体積での計算）であったのに対し、釉薬ありで醸した酒のエタノール濃度は 15.4%（v/v）とやや低値を示した。また、釉薬なしで醸造した清酒は、アミノ酸度 2.8 を示したのに対し、釉薬ありの清酒はアミノ酸度 1.7 を示した。これらの結果は、醪を発酵させる土器は釉薬を使用するか否かによって、発酵特性および酒質に影響する可能性を示している。しかし、釉薬をかけた甕の容積は 250 リットルであったのに対し、釉薬をかけない甕の容積は 10 リットルであったことから、醪の規模の違いもエタノール濃度、アミノ酸度の相違に関連したかもしれない。醪を入れる容器の大きさは、発酵の進行に重要な温度の均一性、表面からの蒸発の効率、溶存酸素などの物理的パラメーターに影響を与えた可能性がある。

　釉薬を塗る技術は、紀元前の中国にすでに存在したとされている。この技術が飛鳥時代に朝鮮半島の渡来人から、日本にもたらされ、寺院の瓦やレンガなどに用いられた。釉薬の塗布は、光沢

Ⅴ　甕酒造りと微生物のはたらき　　*125*

を作り出すなど見た目の変化もあるが、土器を清酒醸造に用いた場合、内容物表面からの漏出、蒸散が極端に減少するため、発酵特性に大きな変化がもたらされる可能性がある。また、洗いやすさ、表面への原材料、醪残渣が残存しづらいことから、釉薬の処理は衛生面においても利点が大きいと考えられる。土器による清酒醸造に際して、釉薬のありなしで発酵特性にどのような変化が起きるのかは興味深い。本章では、土器を用いた清酒醸造において、釉薬処理の有無が発酵特性におよぼす影響について検証することとした。

釉薬を用いていない素焼きの容器と、釉薬処理された同一サイズの陶器を用いて実験を行った（写真1）。陶器は高さ10 cm、内

写真1　再現実験に用いた容器
　釉薬なし（新品）は釉薬ありと比較して表面に光沢がない。釉薬なし（複数回使用）は醪の成分が付着して、全体に茶色に変色している。

径9cmのものを用いた。表1に示す組成の材料を用いて、外部気温15℃に設定して小仕込みを実施し、仕込み開始から21日目まで、醪品温（底部）、醪重量、エタノール濃度、グル

表1 清酒小仕込みの組成

原材料	数量
α化米	105 g
麹	45 g
蒸留水	285 mL
乳酸	0.5 mL
酵母（協会701号）	910 μL

コース濃度を測定した。実験結果は3回の独立した実験の平均値であらわしている。

発酵開始から21日目までの醪の品温は、釉薬なしのほうが常に約0.3℃程度低いことが明らかとなった（図1）。また、醪の重量は時間経過とともに減少を続け、釉薬ありおよび釉薬なしのサンプルはそれぞれ最初の重量の84.9%と81.3%まで減少した（図2）。発酵開始から14日目より、釉薬なしのほうが高いエタ

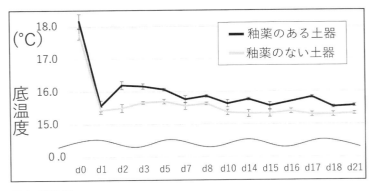

図1 醪品温

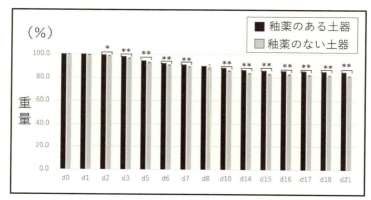

*: $p<0.05$, **: $p<0.01$

図2 醪重量

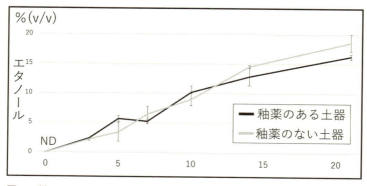

図3 醪のエタノール濃度

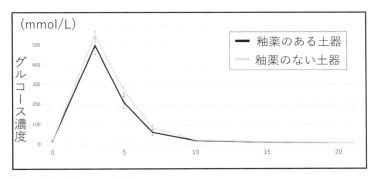

図4　醪のグルコース濃度

ノール濃度を示す傾向が見られた（図3）。これらの結果は油長酒造における醸造で得られた結果と矛盾しないものであった。さらに、グルコース濃度の変化については釉薬のありなしで顕著な差は認められなかった（図4）。

再現実験の結果より、以下のような考察が可能であると考える。発酵期間中、釉薬なしの醪は釉薬ありのものと比較してわずかではあるが低い温度を示した。これは釉薬なしの陶器では表面からの水、エタノールなどの揮発成分が揮散し、気化熱によって温度低下が引き起こされたことが原因の一つであると考えられる。温度は微生物による発酵活性においてもっとも重要な因子の一つである。酵母によるアルコール発酵は、一般的に醪の温度が30〜40℃付近で発酵活性が最大になるとされている。一方、近年、清酒醸造で用いられる酵母は、10℃程度の低温で発酵させることで、酵母自体の死滅を防ぎ、最終的に高いアルコール産生量が得られると考えられている（Wu et al. 2005）。今回の実験で

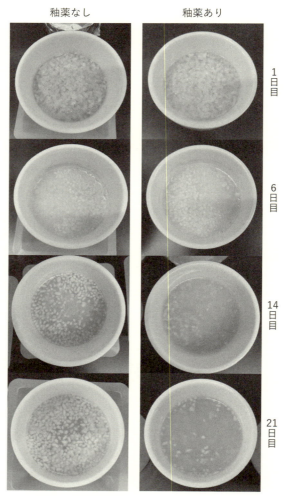

写真2 再現実験時の醪の容貌

は、発酵期間中、わずかではあるが低い温度を維持し続けた釉薬なしのサンプルのほうが最終的に高いエタノール産生量を示したと考えられる。一方、グルコース濃度については釉薬の有無で明白な差異は認められなかったことから、麴によるデンプンの糖化については、釉薬による処理は影響しないものと考えられた。

おわりに

土器を用いた現場での清酒醸造、および実験室での検討により、土器表面の性質の違いが清酒醸造の結果に影響する可能性が示された。過去の酒造りを振り返るための取り組みから、「清酒醸造における醪容器の重要性」という新たな価値観を見出すことができたのは感慨深い。酒造りに土器が用いられていた時代には、アルコール発酵を担っていた酵母も現代とはまったく異なる種であったかもしれないが、土器のもつ保温性によって、現代の酒造りよりも高温で発酵が進んでいたかもしれない。また、釉薬が用いられるようになると、醪成分の揮発が抑えられ、さらに発酵温度は上昇したかもしれない。温度の違いやできあがった酒の違いについては、わずかなものかもしれないが、当時の酒造りに携わった人々はこのような醪や酒質のわずかな変化を敏感に感じ取って、次の酒造りに役立てていたのだろう。

現代の発酵微生物研究では、容器に着目した研究例はこれまで皆無であった。過去の酒造りの記録や遺物、および醸造の再現から、酒造りにおける微生物に関する新たな知見が得られることを

今後も期待したい。

参考文献

恩田匠 2003「生もと清酒モロミから分離した乳酸菌の同定とその性状」『日本醸造協会誌』98(2): 148-151 頁

山本長兵衛 2021『風の森を醸す—日本酒の歴史と油長酒造の歩み—』あをによし文庫、京阪奈情報教育出版

Ohya, Y. & Kashima, M. 2019. History, lineage and phenotypic differentiation of sake yeast. *Bioscience, Biotechnology, and Biochemistry* 83(8):1442-1448. doi: 10.1080/09168451.2018.1564620.

Wu, H. Ito, K. & Shimoi, H. 2005. Identification and Characterization of a Novel Biotin Biosynthesis Gene in *Saccharomyces cerevisiae*. *Environmental Microbiology* 71(11): 6845-6855. doi: 10.1128/AEM. 71.11.6845-6855.2005

●column●
鹿児島の福山黒酢

村上夏希

古代の発酵を求めて

古代において、発酵食品の容器には、主に壺や甕などの焼き物を利用していた。しかし時代の流れとともにそれは、木、ホーロー、ステンレスへと変化していった。現代においても甕壺を用いた発酵食品はあるが、それは製造元のこだわりとして行われるものであり主流とはいえない。その中で鹿児島県の福山町は、甕壺を用いた黒酢造りが脈々と受け継がれてきた、特殊な地域といえる。

鹿児島県霧島市福山町は、三方を丘に囲まれ、一方は海に面する、交通の要所として栄えてきた地域である。黒酢生産が開始されたのは、江戸時代の 1800 年頃とされる。お酢造りは原料の糖化→アルコール発酵→酢酸発酵→熟成と段階的に進み、米酢の場合には各段階で酵母菌や酢酸菌を加えることが一般的である。しかし福山の黒酢は、玄米、麹菌、水のみを原料とし、仕込んだあとは壺を野外に並べ、自然の力をたよりに糖化から熟成まで

写真1　丘一面の壺畑（福山黒酢株式会社提供）

の全工程を一つの壺の中で完成させる、世界でも稀有な発酵法を用いる。

　筆者は現代に残る甕壺醸造を調査するため、黒酢醸造元の一つである福山黒酢株式会社を訪れた。海が見える段々の丘に隙間なく壺が並ぶ様子は、「壺畑（つぼばたけ）」と呼ぶにふさわしい風景である（写真1）。津曲佑耶（つまがりゆうや）氏（福山黒酢株式会社　取締役副社長）曰く、4か所の壺畑に2万3000個程度の壺があり、町全体ではおよそ10万個あるのではないかとのことである。現在使用している壺は信楽焼（しがらき）がメインだという。信楽焼以外の国産あるいは外国産も一部利用しているが、信楽焼がいちばんお酢の品質にブレがないということだ。産地によって黒酢の仕上がりに違いがあるというの

写真2　背後にそびえる山地が黒酢造りに最適な環境を提供するという

は面白い。

　福山で良質な黒酢が造られるのは、環境によるところが大きい。かつては島津の殿様も愛飲したといわれる名水に恵まれ、福山港には米どころの都城(みやこのじょう)（宮崎県の南西端）などから米が集積し、製品は港から運ぶことができた。さらに年間を通して温暖な気候に恵まれ、冬には背部北面にそびえる高原が、寒さに弱い微生物を北風から守る役割を果たした。まさに黒酢造りに最適な環境といえる（写真2）。ではなぜ容器に壺を使い続けたのか。江戸時代に薩摩焼(さつまやき)が生産されていたことは、壺酢造りの原動力の一

つにはなったかもしれない。しかし、ほかの選択肢をとらずにお酢を壺で造り続けた理由にはならない。現地で長期熟成の黒酢を試飲した筆者としては「味わえばわかる。壺で造る黒酢はおいしい」として筆を置きたいところであるが、それではなんとも情けない。そこで焼き物を用いる利点について、焼き物の性状から考えてみる。

焼き物の性状から見た甕壺醸造

一つは比熱（1 kg の物質の温度を1℃上昇させるのに必要な熱量）が高い、換言すれば「熱しにくく冷めにくい」ためと思える。黒酢は春だけでなく秋も仕込むため、寒さに弱い微生物にとって保温性の高い焼き物は都合が良いと思われる。さらに夏の炎天下では熱くなりすぎないというメリットもあるだろう。焼き物を利用することで、微生物の発酵に適した環境が整えられるのではないだろうか。

ほかの理由として、多孔質であることがあろうか。先行研究（小泉 1999）によると、壺酢醸造に関与する微生物は一部、壺に由来していたという。当然、一度使用した壺はつぎの仕込みの前に洗浄されるが、それでもいくらかの微生物は壺の微小な孔や隙間に残るのであろう。事実、津曲氏も、一度腐敗菌が生成された壺は、いくら洗浄しても良いお酢は造れなくなるため廃棄するということである。

さらに、壺で造られるほうが、うま味成分であるアミノ酸、独特な酸味を醸し出す有機酸、さらにはナトリウム、カリウム、リ

写真3　壺の中で熟成が進む黒酢（福山黒酢株式会社提供）

ン、マグネシウム、カルシウムなどのミネラル分が多くなるという。焼き物の中で醸すことがアミノ酸、有機酸の増加に有利に働くのか。焼き物とは関係なく時をかけゆっくりと発酵・熟成させることが肝心なのか。壺のミネラル成分がお酢の仕上がりに影響を与えているのか。興味は尽きないが、この甕壺醸造はまだ謎が多く全貌は解明されていない。味わい深いお酢には人間の叡智が凝縮されている（写真3）。

　今日の日本ではお酢をはじめ、あらゆる発酵食品は古代とは異なる容器で造られる。プラスチックに代表される現代の容器はより衛生的で管理がしやすく、かつ大量生産が可能である。その点、焼き物は扱いが難しく、一度にできる量も限られてしまう。焼き物を用いた発酵は現代的な製法とは異なる次元にあるのであ

ろう。しかし芳醇な福山黒酢の香りを聞くと、利便性と引き換え
に失われた味わいもあるに違いないと感じる次第である。

参考文献

小泉幸道 1999「世界でここだけ―伝統的製法で行われている壺酢の
　解析―」『日本食生活学会誌』10(1): 7-11 頁

VI 現代アジア・アフリカの甕酒造り

砂野　唯

1 世界各地の酒と土器利用

　火や石器と並び、人類の食生活に大きく影響を与えたのが土器である。粘土を高温にして気密性の高い素材へと変性したことで、その中で液体を溜めたり、水分や食物を貯蔵したり、食材を煮炊きしたりできるようになった。東アジア各地での発掘調査により、人類は1万年以上前から土器を利用してきたことがわかっている。

　土器と同様に、紀元前から人類が造ってきたのが酒である。人類は自然界の微生物群の作用を利用して、食物を発酵してきた。そうして造られた発酵食品の一つがアルコール発酵によってできる酒である。液体の保存が可能で、煮炊きができるという土器の特性は、酒造りに大いに役立った。古代から酒造りに土器が使われたことを示す痕跡が、世界各地の遺跡に残る。エジプトのピラミッドの壁画では、ビールを土器に仕込む様子が描かれている

（McGovern 2017）。また、イランのザグロス山脈の新石器時代居住跡から発見された紀元前5400～5000年の土器の底に残留していた物質を分析したところ、ブドウ果実であることが判明しており、この地域では古来ワインが醸造されていたことを根拠として、ブドウ果実は土器にワインが入れられていた証拠ではないかとする仮説もある（McGovern et al. 1996）。アジアでも、古くから醸造に土器が用いられた可能性が示唆されている。中国・長江下流の紀元前5000年頃の稲作農耕遺跡である河姆渡遺跡では、土製の炊飯蒸し器などが出土しており、一緒に出土した土器は盛酒器か暖酒器であるという見解がある（花井 1998）。現在も中国では、紹興酒などの酒の熟成には土器（甕）を用いており、古来、土器を醸造に用いてきたと考えられている。歴史的に、中国の影響が強かったアジアでは広く土器が醸造に用いられており、例えば、東南アジアのラオスやタイ、ベトナムの一部地域では、土器（壺）の中にコメと餅麴を入れて、個体発酵させた壺酒が飲まれてきた（吉田 1993、小崎ほか 2002）。

　日本でも、土器が醸造に用いられてきた。日本では、縄文時代中期（紀元前2500年頃）から酒が造られていたとされている。縄文時代の有孔鍔付土器には、付着したヤマブドウ・クサイチゴ等の種子が発見されたといい、これは醸造の材料で、縄文人は土器で酒を仕込んでいたという説もある（藤森・武藤 1963）。酒の種類や仕込み（時期や配合）をはっきりと記述した日本初の書物は、平安時代に編纂された『延喜式』であるが、それ以前に書かれた諸国正税帳（『大日本古文書』所収）にも、原料米や酒とい

う記述が存在し、正倉院の文書には酒を土器（甕）に入れて収めたとの記述がある。そのため、飛鳥や奈良時代には、土器（甕）を酵母の増殖・アルコール発酵・熟成に活用していたと考えられる。

　古代エジプトのビール造りや中世ヨーロッパの教会によるワイン造りのように、王権・地方権力・宗教によって統制されて醸造されていた酒はあるものの、歴史を遡るとほとんどの期間で酒は自家醸造されており、世帯単位で醸造技術が発展してきた。その用途は多岐に渡り、宗教儀礼や祭礼（Adams 1995）、収穫や催事の振る舞い酒とされたり（Health 1999）、神への供物（神崎 1997）や治療薬（田中 1997）、社会関係を構築するためのツール（Hall & Hunter 1995、Woelk et al., 2001）、社会的境界の明示、娯楽、超越（人としての境界を越えて神か精霊の領域に入る導入剤）、社会的信用の獲得、ステータスの印、競争的な飲酒（Health 1999, 2000）、果ては水分供給源や栄養源（Nelson 2005、Unger 2004）とされるなど、民族や地域、時代によってさまざまであった。人々は身の回りで手に入る材料（動植物）と道具を使って、祖先から受け継がれた醸造方法によって酒を造り、摂取してきた。このような歴史の中で、醸造用土器は自給的な酒造りと関連して存在していた。しかし、作物の変化、醸造技術・道具・材料の改良、インフラの発達、酒税法の制定などによって、工場生産された酒が世界各地で流通するようになり、酒は市販されるもの、購入するものへと変化した。酒造りが、自家醸造から工場生産に移行した結果、伝統的な醸造方法や道具は変化し、コーカサス地方のジョー

ジアワインなどの文化的な価値を周知された例を除くと、土器による酒造りも行われなくなってきた。

では、自家醸造を営む人々は醸造用土器を利用し続けているのだろうか。本章で取り上げるネパールやエチオピアの人々は、現在でも酒を自家醸造し日常的に消費している。一方、台湾の原住民は、現在は市販された酒を購入することが一般的であるが、かつては日常的に自家醸造していた。これらの人々にとって、自家醸造は現在、あるいは過去において日常的な行為で、醸造に利用する道具は彼らの暮らす環境や文化、社会と強く関係しているといえる。これらの地域において土器は、酒の品質を保持する道具として伝統的に使われてきた。本章では、南アジア・ネパールと北東アフリカ・エチオピアの酒を日常的に自家醸造し摂取している人々と、かつて日常的に酒を自家醸造していた東アジア・台湾原住民に注目する。かつて醸造土器が果たしていた役割について明らかにしたうえで、醸造土器の利用が減少しているという状況の把握とその要因について解明する。

2 ネパールで醸造用土器が使われる環境
―土器の利点と減少した要因―

まずは、南アジアのネパールの酒造りに注目する。ネパールは面積 14.7 万 km²、人口 2916 万人を有しており、124 語の言語が存在し、人々は 142 の民族やカーストに分かれて暮らす（National Statistics Office 2023）。それぞれ独自の生業や文化、社会を有

し、ネパール各地では、その地域で手に入る材料から、民族独自の製法や道具によって醸造酒や蒸留酒が製造されている。2016年と 2023 年にネパール中央部・カトマンズ盆地に暮らすネワール（Newar）、南部・タライ平野に暮らすタマン（Tamang）やタル（Tharu）、マガル（Magar：マガルはネパールの民族の一つで、2021 年のネパール国勢調査によると総人口の 6.9％ を占めている。マガルの中にも、多数のグループが存在し、ここで取り上げた南部と東部のマガルのグループは異なるが、いずれも仏教を信仰していた）、東部・メチ県山間部に暮らすライ（Rai）やリンブー（Limbu）、マガルを対象とし、酒に関する広域調査を実施した。

　ネパールで飲まれている醸造酒は、コメ（*Oryza sativa*）から造るチャン（chang/chyang）、シコクビエ（*Eleusine coracana*）のみ、あるいはシコクビエにコメやトウモロコシ（*Zea mays*）を混ぜ合わせて造るジャード（jaad/jard）、シコクビエのみ、あるいはシコクビエに少量のオオムギ（*Hordeum vulgare*）やコムギ（*Triticum aestivum*）を加えて造るトンバ（あるいはトグワァ Tongba と呼ばれるが、ここでは東部メチ県での呼称であるトンバに統一する）と呼ばれる粒酒がある。チャンやジャードは微発泡性で、ドロリとした舌ざわりだが、カルピス・サワーにも似たさっぱりとした酸味と甘みがあり、さわやかな飲み心地である（写真1）。

写真 1　ネパールの醸造酒ジャード

詳しくは後述するが、トンバは専用の容器に入れて、お湯を注いでしばらく置いておき、ストローで飲む。お湯で割るので、身体が温まる。醸造酒チャンやジャードと同様に、カルピス・サワーに似たさっぱりした酸味と、甘酒のような甘味が混ざりあった味であり、チャンやジャードよりも濃厚な味わいである。また、いずれも甘酒とシードルを混ぜたような発酵臭がしており、アルコール濃度は低い。

　日常的に醸造され、嗜好品としての酒というよりも、飲み物のように摂取される。南部のマガル、東部のライ・リンブー・マガルは、日常的に醸造酒を自家醸造し、摂取頻度が高く、毎日650ｇ以上摂取していた。30代以上の男女の食事内容を調べたところ、起床後や朝食時、農作業の休憩時間や終了後、夕食時に、醸造酒をお茶の代わりのように摂取していた。ちなみに、ネパー

写真２　ネパールの定食ダルバート

ルではダルバート（daalbhaat）というコメと野菜、豆類のスープ、漬物、場合によっては肉や乳製品も含む食材から構成される定番の食事があり（写真2）、ネパールの日常食になっている。人々は、朝5時頃に起きると、まずはチャンやジャード、トンバなどの醸造酒を飲む。そして10時頃に初めの朝食としてダルバートを食べる。この時に、水やお茶ではなく、醸造酒を飲む人もいる。とくに男性は醸造酒を飲む傾向がある。その後、農作業などに従事し、14〜16時にカジャ（khaja）といわれるおやつを取るのだが、この時に一緒に醸造酒が飲まれることもある。そして、21時頃に再び醸造酒を飲みながら、ダルバートを食べて就寝する。このように人々は、醸造酒を飲み物や食事、おやつとして、食生活に組み込んでいる。また、ここでは醸造酒は社会・文化的にも重要で、来客があると必ず醸造酒や蒸留酒を出して歓待する（写真3）。ネパールの蒸留酒は、ロキシー（roxy/raksi）と呼ばれ、コメやシコクビエ、トウモロコシなどの穀物から蒸留される。ロキシーのアルコール濃度は23〜67% と高く、祭りや晩食、饗宴、客人への歓待の際に飲れる。ほかにも、農作業や家造り、荷物の運搬を依頼する際には、金銭や料理のほかに醸造酒や蒸留酒が必須である。

　このように、醸造酒や蒸留酒は身近な飲み物で、頻繁に醸造している。しかし醸造に土器（甕）を使う世帯は少なく、南部のタライ平野ではプラスチック容器が一般的で、土器は用いられていなかった。しかし、中央部のカトマンズ盆地に暮らすネワールでは3割、東部のメチ県山間部に暮らすライは5割、リンブーは4

写真3　お酒を出してお客をもてなす

写真4　室内に置かれた醸造用土器

割、マガルは 2 割に相当する、50 歳以上の女性が醸造を担う世帯では土器が用いられていた（写真 4）。

　ネワールは、コメから醸造酒チャンを造る。ライやリンブー、マガルは主にシコクビエから醸造酒ジャードやトンバを造る。材料は異なるが、チャンとジャードの醸造方法は、ほとんど同じである。まず、穀物の穀粒や粉末を加熱して糊化し、平温になるまで冷ます。その後、ネパール語でモルチャ（morcha、あるいはマルチャ marcha だが、ここではモルチャ）と呼ばれる餅麹の粉末を振りかけて、よくこねる。モルチャは、米粉に水を加えこね、小指サイズの円錐あるいは卵形・小判形、手のひらサイズの円盤状に成形してから、冷暗所の広げられた御座や藁の上に並べて、数日間、置いておくことで、自然界の酵母や麹菌などを繁殖させた餅麹である。モルチャを潰した粉末を振りかけることで、糖化を進めており、これを容器に入れて水を加えてかき混ぜ、密封することで、酵母の増殖とアルコール発酵を進めている。容器の蓋を少し開けて見てみると、ぶくぶくと泡が出ており、発酵が進んでいることがわかる。発酵の際には、極力、蓋を開けず、空気が入らないようにする。「（材料が）空気に頻繁に触れてしまうと、発酵がうまく進まない」と人々は語る。また、山間部など冷涼な地域では、容器を毛布で覆ったり、囲炉裏の近くに置くなど、保温性を高める工夫をしている。気温が低いと発酵がなかなか進まないためである。この時に、南部・タライ平野の人々はプラスチック容器を使うが（写真 5）、中央部のネワールや東部のライやリンブー、マガルの一部の世帯では土器を使用していた（写真 6）。3

写真5　プラスチック容器に入れられた材料

写真6　土器に入れられた材料

日〜1か月間すると、材料は粥状の軟らかさとなって表面には膜が張り、甘さを含む発酵臭がするようになる。そこで、次の工程に進むことができる。材料を容器から取り出して水を加え、半日から1日置いてから、特製の香水を加えてかき混ぜ、沈殿している個体部分を濾すと、チャンやジャードと呼ばれる醸造酒が完成する。人々は、自分が飲む量を随時、濾過して飲む。

また、ライやリンブーは、冬になると醸造酒トンバを造る。加熱したシコクビエや、シコクビエとムギの穀粒を冷ましてから、餅麹であるモルチャの粉末を振りかけ、容器に移して蓋をし、嫌気状態で1か月〜1年間保存すると完成する。保存期間が長いものほど味が濃厚になり、価値がある。この時、プラスチック容器を使うこともあるが、家庭用で醸造量が少なく熟成期間が長い場合は土器を用いることが多い。醸造酒トンバは専用の竹や真鍮で

作った容器に入れて、そこにお湯を注ぎ、数分以上置いてからストローで飲む（写真7）。ストローには節があり、穀粒が入ってこず、液体部分だけを吸えるように工夫がされている。この容器も、酒の名と同じくトンバである。お湯の量や放置時間によって、アルコール濃度や味の調節が可能である。おおよそ、3回ほどお湯を継ぎ足して飲む。これは、温かいお茶のように飲まれるほか、病人の滋養食ともされる。

写真7　トンバを飲む容器

　ネパールは、標高70～8000ｍという起伏に富んだ地形を有しており、標高によって気候や植生が異なる。標高70ｍを最低とする南のタライ平野から北上するにつれ標高が上がり、中国との国境地帯は、標高8848ｍのエベレストを有する高山地帯となる。醸造に土器を用いるネワールやライ、リンブーが暮らす地域はいずれも標高1300ｍ以上で、冬季（11～3月）の気温が2～12℃と冷涼であるため、土器のもつ保温性が重要視されている。土器を使った醸造の担い手である女性たちに、プラスチック容器ではなく土器を使う理由を尋ねたところ、「土器のほうが早く酒ができる」「プラスチックを使うと、冬には毛布を沢山かけなければならないから」「土器で造ったほうが美味しいので、家族の

飲む醸造酒は土器で造る。売り物はプラスチックで造る」という回答が返ってきた。このことから、人々は土器に保温効果や酒を美味しく造る効果があると考えているといえた。

　しかし、現在、土器を用いる世帯は高齢が中心で、50歳以下の世帯の多くは、安価で容易に手に入り、軽くて洗浄が簡単なプラスチック容器を醸造に用いる。土器を用いている50〜70代の女性たちは、「嫁入り道具として持ってきて、ずっと使っている。しかし、この村には、（今は）土器を作る職人がいないので、（土器が）割れたらプラスチック容器に変える」と、土器職人が不在で新しく手に入らないため、プラスチックに移行していく考えも示していた。また、プラスチック容器と土器を併用する50代の女性は「土器は重い。プラスチックのほうが洗ったり、持ち運んだりするのが楽だ。嫁のいる家は問題ないが、我が家には嫁がいない。売り物の蒸留酒はプラスチックで、自家消費用の（醸造酒）ジャードや（蒸留酒）ロキシーは土器で造る」とプラスチック容器の扱いやすさと、若い世代がいない中で土器を使うことの大変さを語るとともに、自分たちの消費する酒は醸造がうまくいく土器で造っていると述べた。

　このように、ネパールでは冷涼な地域に暮らし、その環境での醸造における土器の利点を知る年配の女性は手持ちの土器で自家消費の酒を醸造する。しかし、それ以外の土器醸造の利点を知らない世代や土器を所持していない世代、土器が手に入らなくなった年配女性は、安価で使いやすいプラスチック容器を醸造に用いることが判明した。

150

3　台湾における発酵スターター・餅麴と
　　土器利用の減少の関係性

　酒造りに土器（甕）が使われなくなる現象は、台湾の原住民の間でもみられた。台湾は面積3.6万km²の島国で、1年を通して温暖な気候で、北が亜熱帯気候、南は熱帯気候に属す。台湾では、北京語や台湾語のほか、客家語、原住民の言語が使われ、人口の98%を占める漢民族をはじめ約2344万人が暮らす。大陸から中華系の人々が移住してくる以前より、台湾にはアミやタイヤル、ブヌン、カバラン、パイワン、プユマ、ルカイなどのオーストロネシア語族と、17世紀以降に移住したとされる漢民族からなる、多数の民族が暮らしている。人々の主な生業は狩猟採集であり、山間部斜面で補完的な生業手段としてアワやヒエなどの穀類を栽培していた。このアワ（*Setaria italica*）やヒエ（*Echinochloa esculenta*）から造られるのが、小米酒（Xiomi　jiu）と呼ばれる地酒である（写真8）。吉田の文献（1993）には、日本の統治時代に作成された資料をもとに、かつて各民族が醸造していた小米酒造りについて詳細に記述されている。これによると小米酒の造り方には、唾液でデンプンを投下する口嚙み酒、アカザ（*Chenopodium* sp.）の葉や実など植物を発酵スターターとする酒、粟飯にカビを生やした散麴を発酵スターターとする酒、アワの穀粒を煮て糊化し、そこにアワの穀物粉末を成形してカビ類を繁殖させた餅麴を発酵スターターとする酒がある。餅麴は大陸から伝わった醸

Ⅵ　現代アジア・アフリカの甕酒造り　　*151*

写真8 台湾でお土産として売られる小米酒

造方法で、現在では、これが主流である。餅麴を使った醸造方法は、ネパールとほぼ同様で、加熱したアワやコメに、餅麴の粉末を振りかけてかき混ぜ、土器に入れて密閉し、数日置くとアルコール発酵が進む。もともとは、アワを材料としていたが、現在はコメが使われることが多い。また、利用方法も変化しており、かつては狩りの前後の儀式や祭りの際の娯楽として日常的に醸造されていたが、現在は旧正月などの祭日や祭りの際に醸造される。さらに、現在、小米酒のアルコール発酵を進める時の容器として土器が用いられることはなく、ネパールと同様にプラスチック容器が用いられる。その理由として、発酵スターターの変化が考えられた。現在は、発酵スターターである餅麴は各家庭や集落で造るのではなく、工場で造られている。

筆者は、ラオスにおいて、農村女性の造った餅麴とベトナム工場で造った餅麴を使って造った蒸留酒ラオ・ラオ（Lao-lao）を飲み比べたことがある。農村女性の造った餅麴の蒸留酒ラオ・ラオを、口に含んですぐに荒々しいインパクトを感じる複雑な味わいの辛口の酒とするなら、ベトナム工場の餅麴由来の蒸留酒ラオ・ラオは、口当たりが優しくすっと喉を通っていく大吟醸のような味わいで、明らかに味が異なった。農村という自然環境で造られた餅麴には菌叢の優位を占める菌類に加え、自然界に存在する多種多様な菌類が生育している。そのため、自家製の餅麴を使うと、菌叢の優位を占める菌類が移り変わりながら、糖化や酵母の増殖、アルコール発酵が進み、荒々しく複雑かつ膨らみのある味わいの酒が造り出される。一方、工場という無菌環境で造られた餅麴には優先して培養された限られた菌類が生育している。そのため、この餅麴を使うとアルコール発酵において菌叢の優位種の決定がスムーズに進み、ストレートで洗練された味わいの酒が造られる。一緒にラオ・ラオを飲んだ日本人の好みは分かれており、どちらを好みとするかは人によるだろう。インドネシアでも、昔は農村に餅麴を造る世帯があったが、現在は工場で造られた餅麴の粉末を購入するという話を聞いた。聞き取りをした高齢の女性によると、「工場の麴を使ったほうが、味が酸っぱくなったり、白いカビが生えたりしない」「失敗しない」ということであった。

　台湾北部に暮らすタイヤル族の男性は「祖母の代では、麴を家庭で造っていたそうだ。その頃は、味を一定にすることが難しか

ったと、祖母は言っていた。発酵中の材料は、暖かすぎず、涼し
すぎない場所に置き、ゴミや虫などが入らないようにした」とい
う。土器の使用について尋ねると「土器（甕）は暑い日でも、中
に入れた液体が（気温に影響されて）温もりにくいと聞いた」と
答えた。また、「（現在は）購入した麴を使うと失敗することはほ
ぼない」と語る。台湾の小米酒の醸造に土器（甕）が使われなく
なった理由として、工場の餅麴の導入によって、かつてほど温度
管理に気を使わなくともよくなり、保温性に優れた土器が必要と
されなくなった可能性があげられた。

4　エチオピアでみられた醸造用土器を使う社会

　次は北東アフリカの酒造りに注目する。エチオピアは 109.7 万
km^2 の面積で、標高差に富んだ地形をしており、人口約 1 億
2000 万人、80 以上の民族が暮らす多民族国家である。とくに南
部には 45 以上の民族が暮らすとされ、それぞれが独自の文化を
もつ。コンソ（Konso）は、エチオピア南部に暮らす農耕民で、
モロコシやトウモロコシを発芽種子で糖化し、アルコール発酵を
進めたチャガ（chaka）と呼ばれる醸造酒を主食とする食文化を
もつ（篠原 2019、砂野 2019・2022）。モロコシやトウモロコシの粉
末に水を加えてこね、円盤状に成形し、冷暗所に 1 日置いて乳酸
発酵させる。その後、加熱してデンプンを α 化し、発芽種子の
粉末を加えてから容器に入れて密封し、糖化とアルコール発酵を
進めると、翌日にはチャガが完成する。チャガは穀物由来の白色

で、デンプン由来の甘みとアミノ酸由来のコクをもち、ほのかに甘酒に似た香りがする。水で希釈して飲まれ、そのアルコール濃度は5%未満である。発酵を止めないので時間が経つと腐敗が進み、1日しか飲むことができないが、大勢の人々によって瞬く間に消費される。

　コンソは1日に3、4回の食事を摂り、2、3回目の食事では、村に居る時はチャガが造られている家を訪れて、チャガを飲みながら、穀物団子や無発酵パン、芋類やカボチャなどの果菜類、豆類を食べる。畑仕事をしている時は、チャガができあがると、家族がペットボトルやヒョウタンにチャガを入れて畑まで持ってくる。4回目は、チャガを飲まないこともあるが、チャガがある家を訪れたり、自宅に持ち帰ったチャガを飲んだりしながら、穀物団子や無発酵パン、芋類、野菜類、豆類を食べる。人々は、チャガを毎日一人あたり約2kg摂取している。

　チャガ造りは醸造工程が複雑である。そのうえ、毎日大量に消費される。そのため、それぞれの世帯で家族の消費するチャガを用意するのは難しい。そこで、コンソは数世帯から十数世帯がグループを作り、順番に醸造を担っていく。1回の醸造で100〜200人分のチャガを醸造する。チャガができると、その家には大勢の人々が飲みに訪れる（写真9）。筆者が初めてコンソを訪れた2011年では、醸造酒チャガは1リットル容量のジョッキ1杯1ブル（Bir、当時の価格で約10円）で販売されていた。人々はお代を払って醸造酒チャガをその場で飲むか、ペットボトルやヒョウタンにつめて持って帰っていた。

Ⅵ　現代アジア・アフリカの甕酒造り　　*155*

写真9 チャガを飲む人々

　現在は、チャガ造りの工程で穀物を加熱する（α化）のには金属製の鍋かドラム缶が用いられる。一方、発芽種子の粉末を加えて糖化を促し酵母を増殖させ、アルコール発酵を進めるのにはプラスチック容器が用いられる。しかし2011年時点では、行政中心地のカラティ（別名パカウレ）付近は今と同様の状況であったものの、幹線道路から遠く離れた集落では、穀物を加熱する際も、発芽種子の粉末を加えて糖化とアルコール発酵を進める際も、ともに20〜40リットル容量の土器（甕）が使われていた。醸造だけではなく、料理の煮炊きにも、大小の土器が用いられていた。土器はほかの容器と比べ、外気の温度変化を受けにくく、保温性があるうえ、土器の壁面に生まれる気孔は酵母の生育を助

けるため、酒の性質を安定させる（Oura et al. 1982）。醸造酒チャ
ガは主食として毎日摂取されるため、安定した品質で醸造する必
要があり、温度や酵母の生育を安定させる土器は醸造に適してい
る。また、コンソ地域は乾燥地に位置しており、森林資源が貴重
である。土器は、木製の容器のように木を伐採して作る必要がな
い。また、鉄や銅の容器と比べ、生産に必要な火力が少ないた
め、燃料となる木材が少なくて済む。木材の使用を最小限に抑え
て成形できる土器は、コンソの環境に適している。これらの要素
から、コンソでは土器が醸造に用いられてきたと考えられる。

　しかし、土器利用はコンソのみで、地域特異的であった。2011
年に筆者はコンソに隣接するデラシェ地域のデラシャについても
調査を実施していた（砂野 2019・2022）。デラシャはパルショー
タ（parshot）と呼ばれる醸造酒を主食とする人々で、彼らの醸造
工程にはコンソとの類似点が多い。ただしデラシェでは、いずれ
の集落でも穀物の加熱（α化）には金属製の鍋かドラム缶が使わ
れており、発芽種子の粉末を加えてから糖化とアルコール発酵を
進める際にわずかに土器を使う世帯があるものの、プラスチック
容器が主流であった。同じく酒を主食とし、醸造工程が似ている
にもかかわらず、コンソでのみ長く醸造用土器が使われ続けたの
はなぜだろうか？　その理由として、コンソの土器作りがハウダ
（hauda）といわれる職能集団によってなされていることが関係し
ている。コンソには二つの階層が存在する。一つが人口の 80〜
90% を占めるエダンダ（edanda）と呼ばれる農耕民で、もう一つ
が人口の 10〜20% を占めている土器職人や鍛冶屋、皮なめし、

Ⅵ　現代アジア・アフリカの甕酒造り　　*157*

市場で家畜を解体して売る職能集団のハウダである（篠原2019）。ハウダは農地を所有することが少なく、経済的に低位で、身分的に農耕民エダンダの下層に位置付けられている。このハウダという階層は、デラシャやザイセ、アレなどの周辺の農耕民やボラナやグジなどの牧畜民にはみられない。篠原（2019）は、職能集団ハウダは農地を継ぐことができない次男や三男たちが、世帯内で分業できない生業を担ううちに階層として誕生し、土器作りが分業化したのではないかと考察している。コンソは働き者である。まず、主な生業である農業に割く時間が多い。山頂付近に造られた集落から同心円状に麓まで続くストーンテラスを造り、そこで家畜の糞を発酵させた堆肥を施肥し、30種類以上の有用な作物や樹木を栽培する。人々は、起耕や播種、除草、収穫、鳥追い、ストーンテラスや排水システムの修繕など多大な時間を農業に費やす。さらに家畜の放牧や水汲み、糸紡ぎ、機織り、堆肥作りなど、日々の労働は多い。土器を作るためには、土器作りに適した粘土を採取し、成形し、乾燥させ、そして焼かなくてはならず、1週間かかる。篠原（2019）は、日々の生業と並行して土器作りを行うことは困難で、土地を持てない次男三男が職能集団ハウダとなって土器作りを担うようになったとしている。ハウダは農地を持たず、土器や鍛冶製品を市場で販売して得た金銭で、チャガやその他の食材を購入している。いうなれば、土器が売れなくなれば、彼らはチャガを購入することができず、飢えてしまう。この土器作りに特化した階層が存在することが、コンソのみで長く土器が使われることにつながったと考えられる。

しかし、近年、敵対していた牧畜民と和解し、山塊麓の平野の開拓が可能になったことで、ハウダが開拓村へと移住し、農耕民であるエダンダ化する動きがみられる。これにより、ハウダの生業を保護する必要性が消失、あるいは、土器の作り手が減少しつつある。そして、土器ではなく金属製の調理器具や安価で使いやすいプラスチック容器を使う村や世帯が増えていると考えられる。

5　ネパールの神事と関係する蒸留酒と醸造用土器

　一方、グローバル化が進む中でも、酒造りに欠かせない土器もある。次はネパールの蒸留酒ロキシー造りに注目する。ネパールでは蒸留酒ロキシー造りの蒸留工程に、伝統的な醸造器具が用いられ、そこにはドゥバイ（dubai）と呼ばれる土器も含まれる。銅製や鉄製のネパール語でフォシ（foshi：基底部の材料を入れる鍋）、ハシ（hashi：底に穴が開いており、フォシの上に置く容器）、バタ（bata：揮発したアルコールを冷やすために冷水を入れている三角錐の容器）と小さな土器ドゥバイ（冷やされて落ちてきた蒸留酒を受ける容器）という伝統的な器具が用いられており、グローバル化の影響を受けた現在でも、これらの器具は変わる気配がない（写真10・11）。金属器の蒸留器具をステンレスやアルミ製にしない理由は、「ステンレスでなど蒸留しようと思ったことはない」「神々に失礼」「銅と決まっているのだから、変える必要はない」と、神事との関わりを強く連想させる答えが返ってきた。また、

Ⅵ　現代アジア・アフリカの甕酒造り　　*159*

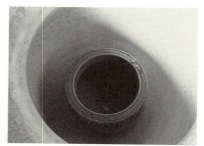

写真11　蒸留酒を受ける土器ドゥバイ

写真10　ネパールのロキシー造りに用いられる蒸留道具

土器をプラスチック容器などにしないことについて「プラスチックは火が当たると溶ける」「熱くなるので持てない」などの実用的な理由とともに、「神々に供する酒を造る道具を勝手に変えてはならない」という神聖に関する理由があげられた。

　これは、醸造酒が日常的（ケ）に用いられるのに対して、蒸留酒が祭りや神事（ハレ）で用いられることに関係している。ヒンドゥー教や仏教、土着の宗教が影響し合ったネパールの多くの宗教は多神教である。それぞれの宗教の神々にちなんだ数々の祭り、さらには民族・カーストの祭りが存在し、自分たちの宗教だけではなく、ほぼそのすべてを祝う。その準備期間も合わせると1年の3分の1が祭りである。祭りの期間、禁酒を旨とする宗派以外の人々は友人知人と集まり、談笑しながら、肉を食べ、蒸留

酒ロキシーを飲む。蒸留酒ロキシーは、醸造酒であるチャンやジャードを濾過した後の残渣、あるいは穀物にモルチャを加えてアルコール発酵した材料に、黒糖やマナ（mana）と呼ばれる緑色の粒麹（もしくは、餅麹モルチャの粉末であることもある）を加えて再発酵させたものを蒸留して造る。多くの民族にとって、蒸留酒ロキシーは祭りには欠かせない飲み物で、神と共食するための嗜好品である。

　醸造酒であるチャンやジャード、トンバ造りにおいて、土器には保温や空気循環を助ける（気泡の保持）というプラスチックに勝る要素がある。しかし、プラスチックの持つ安価で使いやすいという経済性や効率性から、土器の多くは姿を消していった。だが、神事と関連して用いられる蒸留酒ロキシー造りのための土器ドゥバイは、ほかの素材で代替できる可能性がありながらも、神事の道具であることから、伝統的な形態であることが重視され用いられ続けている。

6　ま　と　め―自家醸造の道具としての土器利用の現状―

　土器は保温性に優れ、外気の温度を受けにくいという利点がある。また、土器の内部には小さな穴（孔食）が複数認められる。この孔食は、発酵過程で乳酸菌が発生し、pHが低下して強酸性の物質となる結果、生成される（Oura et al. 1982）。これが空気の対流を助け、好気性酵母の生育に適した環境を作り出す。このような利点から、主に酵母の増殖やアルコール発酵、熟成段階にお

いて、世界中で土器が使われてきた。

　しかし、近年、急速に醸造用土器がプラスチック容器に置き換わっている。姿を消した理由として、代替品の安価さ、使いやすさ、材料の質の変化、土器の作り手の不在など、さまざまなことがあげられた。ネパールや台湾、エチオピアにおける酒造りでは、酵母の増殖とアルコール発酵のために、伝統的に土器（甕）が用いられてきた。しかし、1）グローバル化によって、安価で簡単に手に入り、手入れが簡単なプラスチック容器が導入されたことで、酒造りに土器が使われなくなっていった。土器を使うことでアルコール発酵をうまく進めることができるが、それ以上にプラスチック容器の安価さや手入れのしやすさが重視されたためである。ほかにも理由はある。2）台湾では糖化とアルコール発酵の能力に優れた工場製の餅麴の導入によって、菌叢を安定させるために土器を用いる必要がなくなった。3）エチオピアでは社会の変化により土器作りを担う専門職が減少しつつあることが関係し、醸造における土器の使用頻度が減少し、醸造用土器が消失していった。このように、土器が持っていた利点が醸造技術や社会構造、生活の変化によって評価されなくなるという現象が起こっている。

　その一方で、ネパールのネワールやライ、リンブー、マガルの人々は、一部ではあるが、土器によって自家消費用の醸造酒を造り続けている。これらの人々は酒を飲み物や食事のように、日常的に摂取する。日常的に摂取する飲食物の条件として、材料の確保が可能で（収穫量が多く、安定している）保存性が高い、安全性

が高い、毎日調理することが可能、味に飽きがこない（エネルギー源となるほど摂取できる）、調理が簡便であることがある。材料の確保と保存性を除く、1）身体を壊さないための安全性の高さや、2）毎日供給するための調理の簡便性、3）飽きない味にすることには、醸造のために使う道具が深く関係する。これらの人々の暮らす地域は、冬季には気温が下がる。そのため、酵母の活性を維持するために、保温性の高い土器を用いる。土器を使うと、アルコール発酵がスムーズかつ迅速に進むことを経験則的に知っており、その利点を知る世代は醸造に土器を用い続けている。

　また現在、エチオピアのコンソでは、行政中心地や幹線道路の付近の村では、土器による醸造は見られなくなった。しかし、幹線道路から遠く離れた村によっては、今でも、あるいは近年まで、土器職人ハウダの作った醸造用土器が使われていた。コンソは酒を食事とする人々で、安定した品質の酒を毎日大量に造る必要がある。醸造用土器の化学的性質に加え、土器を作る専門の階層ハウダの存在と、民族すべてが酒を主食にする食文化が醸造用土器の使用に関係していたと考えられる。

　また、ネパールの蒸留酒ロキシーのように、宗教・文化的な特性から土器で醸造され続ける酒もある。蒸留酒は主に祭りの際に飲まれ、その目的の一つが神との共食である。そして、人々にとって醸造するという行為は神事の一環である。そのため、ほかに代替できるものが存在しても、伝統的な醸造道具である土器を使い続けている。これらの事例から、土器のもつ、ほかには変えがたい科学的・社会的・宗教的な特性を見出す人々の間では、継続

して土器が使用され続ける可能性が示唆された。

参考文献

Adams, W.R. 1995. Guatemala. In D. B. Health (Ed.) International handbook on alcohol and culture. 9-109. Westport, CT: Greenwood.

Hall, W. and E. Hunter. 1995. Australia. In D. B. Heath (Ed), *International Handbook on Alcohol and Culture*. Westport, CT: Greenwood. 7-19.

Health, D. B. (Ed.) 1995. International Handbook on Alcohol and Culture. Westport, CT: Greenwood.

Health, D. B. 1999. Drinking and Pleasure across Cultures. In S. Peele & M. Grant (Eds.), Alcohol and Pleasure: A health perspective. Philadelphia: Brunner/Mazel. 61-72.

Health, D. B. 2000. Drinking occasions: Comparatives on Alcohol and Culture. Philadelphia: Brunner/Mazel.

McGovern, P., Glusker, D., Exner, L. and Voigt M. 1996. Neolithic resinated wine. *Nature* 381.480-481. https://doi.org/10.1038/381480a0

McGovern, P. 2017. Ancient Brews: Rediscovered and Re-Created. W. W. Norton & Company Press.

National Statistics Office 2023. National Population and Housing Census 2021, National Report on Caste/ethnicity, Language & Religion.

Nelson, M. 2005. *The Barbarian's Beverage: A History of Beer in Ancient Europe*. Abingdon: Routledge.

Orley, J. 1999. Pleasure and quality of life calculations. In S. Peele & M. Grant (Eds.), Alcohol and pleasure: A health perspective. Philadelphia: Brunner/Mazel. 329-340.

Oura E., Suomalainen H., Viskari R. 1982. Breadmaking. In Fermented Foods. In A. H. Rose (Ed.), Economic Microbiology, vol. 7,

Academic Press. 88-147

Unger, R. W. 2004. *Beer in the Middle Ages and the Renaissance*. Pennsylvania: Univ of Pennsylvania Press.

Woelk, G., K. Fritz, M. Bassett, C. Todd, and A. Chingo. 2001. A Rapid Assessment in Relation to Alcohol and Other Substance Use and Sexual Behavior in Zimbabwe. Harare: University of Zimbabwe Press.

神崎宣武 1997「食文化の変化と飲酒文化」『シリーズ・酒の文化第 4 巻　酒と現代社会』アルコール健康医学協会、19-36 頁

小崎道雄・岡田早苗・関達治 2002「タイの米酒─籾殻混合酒オウと糯米酒サトー─」『日本醸造協会誌』97(1): 46-61 頁

篠原徹 2019『ほろ酔いの村─超過密社会の不平等と平等─』京都大学学術出版会

砂野唯 2019『酒を食べる─エチオピア・デラシャを事例として─』昭和堂

砂野唯 2022「酒を主食にするネパールとエチオピアの人びとの暮らし」横山智編『世界の発酵食をフィールドワークする』農山漁村文化協会

田中潔 1997「飲酒と健康」『シリーズ・酒の文化第 4 巻　酒と現代社会』アルコール健康医学協会、133-149 頁

花井四郎 1998「日本酒の来た道」石毛直道編『論集　酒と飲酒の文化』平凡社、233-265 頁

藤森栄一・武藤雄六 1963「中期縄文土器の貯蔵形態について　鍔付有孔土器の意義」『考古学手帖』20、1-6 頁

吉田集而 1993『東方アジアの酒の起源』ドメス出版

●column●

酒甕の手入れの実際
―クヴェヴリの内面に塗られる蜜蠟について―

庄田慎矢

蜜蠟使用の場面を追って

　少し前に、中国新石器時代、約7000年前の土器の内面にこびりついたお焦げから、蜜蠟由来の化合物を検出したことがある（Shoda et al. 2018）。その後この発見について、蜜蠟を土器の内面のコーティングに使用した可能性を指摘したが（庄田2020）、これは土器内面の防水のために松脂を用いる民族誌の事例（Longacre 1981）はもとより、ジョージアのクヴェヴリ（QvevriまたはKvevri、ワイン醸造用の甕）で造られるワインに関する映像作品である *Our Blood Is Wine*（Emily Railsback監督、2018年）の中の、まさに蜜蠟を用いていた場面にヒントを得てのことであった。幸いなことに、2023年10月5日から8日にかけて、ジョージア各地でクヴェヴリの蜜蠟塗布やその後のメンテナンスについての現地調査を行うことができたので、その内容を紹介する。

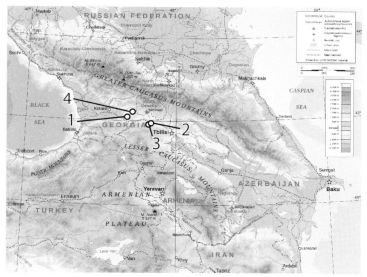

図1　ジョージアの地形と調査地の位置（1：Bojadze 氏の工房、2：Dakishyili 氏のワイナリー、3：Barnovi 氏のワイナリー、4：Guruli 氏の工房）

　ジョージアは黒海からカスピ海までを東西に走るコーカサス山脈を抱き、国土の南側でトルコ・アルメニア・アゼルバイシャンと、北側でロシア連邦と接する（図1、以下登場する場所の位置については本図を参照のこと）。このような地勢から、歴史的に多様な文化や宗教が行き来した「文明の十字路」と呼ばれることもあるようである。クヴェヴリ（西部では Churi とも呼ばれるなど、地方によりさまざまな呼称がある）は、生産規模の差こそあれ全国的に作られてきた歴史があるが、現在では製作者の数が限られてい

column　酒甕の手入れの実際　　167

写真1 伝説的なクヴェヴリ職人、Zaliko Bojadze 氏

るという。

クヴェヴリの使用においてワキシング（ワックスを内面に塗布すること）は重要な工程であり、広く行われている。土器の多孔性が災いして容器内のワインが外に染み出したり、地下水が容器の中に浸透してきたりすることを防ぐためであるという（Barisashivili 2022: 32）。新品のクヴェヴリに蜜蠟を塗布する実際の作業風景を、イメレティ州（Imereti）マカトゥバニ（Makatubani）に位置するザリコ・ボジャゼ（Zaliko Bojadze）氏（写真1）の工房で観察することができた。作業は息子のラティ（Rati）さんが主に行い、ザリコ氏が最終的な仕上げと点検を行った。以下はその工程である。

クヴェヴリのワキシングの工程

まず、常温で固形となっている蜜蠟を鍋に入れて薪で加熱し（写真2-a）、その薪の一部を金属の筒（下部に細かな孔が開けられ空気の循環を助ける構造になっている）に入れる（b）。これをクヴェヴリに差し込み、周囲に蓋をしてクヴェヴリを加熱する（c）。クヴェヴリ自体を加熱しておかないと、蜜蠟が器壁にうまく溶け込まないという。土器を触りながら加熱具合を確認し、適切な温

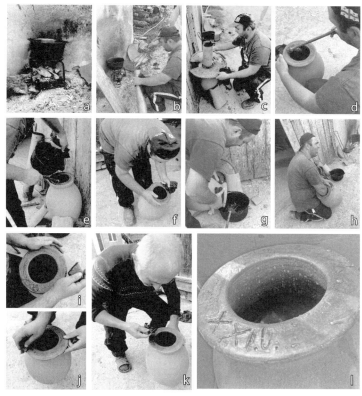

写真2 クヴェヴリに蜜蠟を塗布する作業の工程

度になったところで木の棒の先に布をくくりつけた器具で蜜蠟を口縁部から内面へと塗布していき（d）、棒を土器の中で振り回しながら蜜蠟を付着させていく。さらに、鍋の中の残りの蜜蠟を土器の内部に流し込み（e）、土器を大きな動きで揺らしながら内面

column　酒甕の手入れの実際　　169

のより広い部分へと蜜蠟を付着させていく（f）。その後、残りの
蜜蠟を元の鍋に戻し（g）、別に用意した固形の蜜蠟を右手に持っ
て、内面や口縁部にこすりつける（h, i）。この時点で蜜蠟は固ま
っているが、口縁部に残る余分な厚みをプラスチックのヘラで削
り取る（j）。最後に布で口縁部をなでるように仕上げて完了
（k）。撥水効果は抜群であった（l）。

　このようなワキシングはクヴェヴリ製作工房において行うもの
であり、ワイナリーで個別に行うことはまれのようだ（ただし以
下に述べるように例外あり）。シダ・カルティリ州（Shida Kartili）
のゴリ（Gori）近郊でワイナリーを経営するゴギ・ダキシリ
（Gogi Dakishyili）氏によると、醸造の間に必ず行うクヴェヴリ
の洗浄にあたっては、石灰岩を焼成して得た乳白色の洗剤を、ブ
ラシを用いてこすりつけるという。この過程で表面にあった蜜蠟
が除去されることが想定されるが、彼によると蜜蠟は「永遠に」
器胎に残存するとともに、その一部は酒石酸カルシウムに置き換
わるという。そして、このように繰り返し使用されても、クヴェ
ヴリを用いた際の液体のロスは 1% 未満であるとのことである。

蜜蠟塗布の伝統への挑戦

　ただし、古い蜜蠟が残存することを嫌うワイン醸造者もいる。
シダ・カルティリ州のツェディシ（Tsedisi）でワイナリーを営
むアンドロ・バルノヴィ（Andro Barnovi）氏だ。ここでは、毎
年新しいワインをクヴェヴリで醸造するたびに水蒸気で 130℃
の高温加熱を行い、洗浄している。ほかにも UV 照射やオゾン

発生機なども試しているが、水蒸気が最も効果的であるという。これにより前回の醸造時からバクテリアなどを引き継いでしまうことを避けると同時に、古いワックスを溶かし出す。

　衛生面以外にも、例えばイメレティ州トゥケムルアナ（Tkem-luana）に広大な土地を購入したベンチャー企業家のイリア・グルリ（Ilia Guruli）氏は、「クヴェヴリはピュアでなくてはならない」という理由から、蜜蝋を塗布しなくても吸水しないクヴェヴリの製作の研究を続けているという。木樽を用いたワインの熟成が過度に「木のような風味」を与えてしまうのと同様の理由で、蜜蝋がワインの風味に与える影響を避けて、できるだけ「自然な」ワインを醸造したいというワイン醸造家からの要望は強いようである。

　このように、現代のクヴェヴリワイン醸造は、数千年来の素焼き土器の伝統の上に立脚しながらも、進化を続けている。筆者を含め、考古学者は過去の土器製作や土器使用の場面を夢見るあまり、土器の民族誌に過去の投影を無邪気に求めてしまうきらいがある。しかし、われわれが目にしているのは長い時間をかけて進化してきた現代の土器利用の技術であり、それを意識することで、新たに学べることが無数にあることを、改めて感じた調査であった。

参考文献
Barisashivili, G. Georgian culture of winemaking. Tbilisi, Artanuji: p. 81.

Longacre, W. A., 1981, Kalinga pottery: an ethnoarchaeological study, in Pattern of the past: studies in honour of David Clarke (eds. I. Hodder, G. Isaac and N. Hammond), 49-66, Cambridge, Cambridge University Press, Cambridge.

Shoda, S, Lucquin, A. Sou, Cl, Nishida, Y, Sun, G, Kitano, H, Son, J-H, Nakamura, S & Craig, O E. 2018. Molecular and Isotopic Evidence for the Processing of Starchy Plants in Early Neolithic Pottery from China. *Scientific Reports* 8(1): 17044.

庄田慎矢 2020「中国新石器時代の土器から見つかった蜜蠟の化学的証拠をめぐって」中村慎一・劉斌編『河姆渡と良渚―中国稲作文明の起源―』雄山閣、119-122頁

あ と が き

　本書を閉じる前に、木簡レシピと復元須恵器による「長屋王の酒」、肝心の香りと味はどうだったのかという話を改めてしなくてはならない。ひょっとすると、それが読者の最大の関心事であるかもしれないからだ。西念によるコラムで、試飲時の感想や味覚センサーによる比較について紹介したものの、想像をふくらませるにはより多くの情報が欲しいところである。幸い、友人のソムリエを連れて油長酒造さんを訪問し、できあがった酒をテイスティングする機会を持つことができた。その際のテイスティングノートは以下のようである。

　v）甘酒様の濁り、米粒の食感と粘性のあるテクスチャー。
　o）しっかりと感じとることができる、甘くコクのある香り。果実香はやや控え目（どぶろく故）、炊きたての、水分を多く含んだ米、白桃のミルク煮、リ・オ・レ（お米を使ったフランスのデザート）、生クリーム等。
　g）穏やかなアタック、豊かな甘味、アルコールのボリュームで甘味がより豊かに感じられる。酸味は中程度だが、とろみのある食感と豊かな甘味に、ややマスキングされた状態、果肉が少し煮崩れたフルーツのコンポートのような、ジューシーさ

が、アルコールの高さを感じさせない飲み心地を与える。

（vは外観、oは香り、gは味わいを表す）

　読者諸賢におかれては、これをもとに、奈良時代の酒の香りと味に思いを馳せていただければと願う。ちなみに、オンライン試飲会に参加してくれた、日本酒とチーズのペアリングを勧める友人の提案は、白黴チーズとのマリアージュとのこと。できあがったお酒を、これまでの経緯を共にしてきた皆で分かち合い楽しめる喜びは、ひとしおであった。このような奇特なプロジェクトに付き合ってくださった油長酒造さんには、感謝の言葉もない。

　またそれ以上に、私にとって大変嬉しいことに、醸造後の土器内面を確認したところ、白色付着物が明確に生成されていることが確認された。図1のa面の上半部に明確な白いバンドが観察されるほか、b面では右下がり、c面では左下りのバンドがはっきりと見える。おそらく土器が斜めになっている姿勢で醸造したため、水面の傾きがそのまま転写されたものと考えられる。いずれにせよ、これらの白色付着物をターゲットとして、第Ⅰ章で紹介した壺酢の研究で試したようなタンパク質を対象としたプロテオミクス、さらにはゲノミクス分析も可能かもしれない。現時点ではまだ厚みはほとんどなく、試料量としてはまだ不足している。十分なサンプル量を確保できるまで、これから繰り返し醸造を行う必要が出てきてしまった。困った困った。

　夏と冬での醸造のあり方の違い、米の種類による違いなど、試したいことはまだまだある。甕酒醸造プロジェクトは始まったば

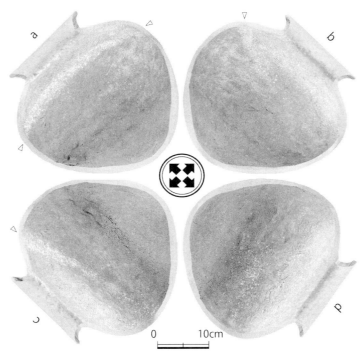

図1　醸造後に生成された白色付着物（計測・作図：中村亜希子、編集：庄田慎矢）

かり。今後の展開にも注目していただきたい。

　末筆ではあるが、執筆者各位およびこの事業にご協力いただいた数多くの方、そして特に多大なるご協力をいただいた以下の方々に、改めてこの場を借りて感謝の言葉を捧げたい（敬称略、順不同）。

李貴愛、石津輝真、板橋奈緒子、植木実果子、小澤洋子、小田裕樹、笠原朋与、加藤真二、栗山雅夫、小金渕佳江、後藤奈美、坂上あき、神野恵、津曲佑耶、中村亜希子、中村一郎、中村広美、中山誠二、西原和代、畑有紀、馬場基、堀知佐子、本中眞、森井英理、森川実、車順喆、Maka Tarashvili、Gogi Dakishvili、Zaliko Bojadze、Andro Barnovi、Ilia Guruli、Lisa Briggs

2024 年 6 月 10 日 青の都サマルカンドにて

庄 田 慎 矢

執筆者紹介（執筆順）

庄田慎矢（しょうだ　しんや）　→別掲

柿沼江美（かきぬま　えみ）
1976 年生まれ
ワインインポーター

末廣　学（すえひろ　まなぶ）
1966 年生まれ
備前焼陶芸家

近藤良介（こんどう　りょうすけ）
1973 年生まれ
KONDO ヴィンヤード代表

三舟隆之（みふね　たかゆき）
1959 年生まれ
東京医療保健大学医療保健学部教授、博士（史学）

山本長兵衛（やまもと　ちょうべい）

1981 年生まれ

油長酒造株式会社　代表取締役

山ノ内紀斗（やまのうち　かずと）

1996 年生まれ

油長酒造株式会社　日本酒醸造家

西念幸江（さいねん　さちえ）

1968 年生まれ

東京医療保健大学医療保健学部教授、博士（栄養学）

田邊公一（たなべ　こういち）

1972 年生まれ

龍谷大学農学部教授、博士（農学）

村上夏希（むらかみ　なつき）

1987 年生まれ

昭和女子大学人間文化学部専任講師、博士（文化財）

砂野　唯（すなの　ゆい）

1984 年生まれ

新潟大学人文社会科学系創生学部助教、博士（地域研究学）

編者略歴

1978年　北海道に生まれる
2001年　東京大学文学部歴史文化学科卒業
2003年　東京大学大学院人文社会系研究科修士課程修了
2007年　大韓民国国立忠南大学校大学院考古学科卒業（文学博士）
現在、国立文化財機構奈良文化財研究所国際遺跡研究室長および英
　国ヨーク大学考古学科名誉訪問研究員、酒史学会理事
〔主要編著書〕
『青銅器時代の生産活動と社会』（学研文化社、2009年）
『AMS年代と考古学』（共著、学生社、2011年）
『武器形石器の比較考古学』（共編書・訳、書景文化社、2018年）
『ミルクの考古学』（同成社、2024年）

古代の酒に酔う
　　甕酒造りの共創プロジェクト

2024年（令和6）12月1日　第1刷発行

編　者　庄田慎矢
　　　　しょう　だ　しん　や

発行者　吉川道郎

発行所　株式会社　吉川弘文館
〒113-0033 東京都文京区本郷7丁目2番8号
電話 03-3813-9151〈代〉
振替口座 00100-5-244
https://www.yoshikawa-k.co.jp/

印刷＝株式会社 三秀舎
製本＝株式会社 ブックアート
装幀＝黒瀬章夫

© Shōda Shinya 2024. Printed in Japan
ISBN 978-4-642-08467-3

JCOPY〈出版者著作権管理機構　委託出版物〉
本書の無断複写は著作権法上での例外を除き禁じられています．複写される
場合は，そのつど事前に，出版者著作権管理機構（電話 03-5244-5088，
FAX 03-5244-5089，e-mail : info@jcopy.or.jp）の許諾を得てください．

三舟隆之・馬場 基編

古代の食を再現する
みえてきた食事と生活習慣病
A5判・316頁／3200円

古代の日本人は食べ物をどう加工し、調理していたのか。「正倉院文書」、さらに土器や木簡まで総動員して古代食の再現に挑戦。そこから意外な病気との関係も明らかに。学際的な研究からみえてきた知られざる食生活とは。

古代寺院の食を再現する
西大寺では何を食べていたのか
A5判・232頁／3200円

平城京最後の大寺院西大寺。食堂院跡から見つかった巨大な井戸、大型の甕、製塩土器、魚や動物の骨、植物の種などを科学分析も取り入れ徹底調査。魚肉は食べないとされていた定説に再考を提起し、未解明の課題に挑む。

カツオの古代学
和食文化の源流をたどる
A5判・304頁／3200円

和食に欠かせないカツオ。古代には税として駿河・伊豆から都に運ばれたが、保存加工法は謎が多い。土器や木簡などを再検証し、最新の科学技術による分析で古代の調理法を再現。今なお続くカツオ文化の基層に迫る。

吉川弘文館
（価格は税別）